MARSHMALLOW

我的第一本
手作造型

全圖解

Prologue

　　「這樣毫無保留地公開，沒關係嗎？」這是在每次決定出新書時，最常聽到的一句話。當然，選擇將營業機密公開並非草率做出的決定，我認為在市場中的競爭關係，也應該同時成為合作關係。因為只有所有人共同努力擴展市場規模，才能創造出雙贏的局面。

　　我的工作哲學是「共存」，而非「獨活」。

　　所以我決定出版《我的第一本手作造型棉花糖》一書，並將這本書推薦給想開始學做甜點的烘焙新手、力圖補救失敗甜點的烘焙菜鳥，以及想開咖啡店的創業夥伴，甚至是打算經營獨樹一幟甜點專賣店的老闆。我希望能透過本書，提供讓更多人了解並沉浸在棉花糖世界的機會。

其實，我從未想過自己會寫一本棉花糖專門書。一開始只是單純想在巧克力拿鐵上放漂浮棉花糖裝飾，卻誤打誤撞讓這款飲品獲得許多客人的喜愛，成為人氣最高的熱門品項。然而，這也是一個契機。為了讓大家能品嚐到更豐富的口味，我開始研發不同的棉花糖配方與製作方法，卻也因為是首次挑戰的領域，一路上經歷了不少的挫敗，儘管如此，最終我還是找到了製作棉花糖的完美配方。我發現，製作食材本身的品質很重要，同時，如何將所有材料巧妙的結合，做出最美味可口的棉花糖，這些祕訣與心法皆收錄在這本專書中。即使你沒有足夠的甜點知識或成熟的技術也沒關係，只要按部就班照這本書的配方進行步驟，任何人都能感受到像是在我店裡品嚐的棉花糖一樣，每一口都有著相同幸福感的甜蜜滋味。

　　這次在著手寫《我的第一本手作造型棉花糖》之前，原本預設會比《令人著迷的夢幻馬林糖》的內容更精簡一點，不過一邊想著這裡可以補充製作重點、那裡要提醒可能的失敗，寫著寫著，不知不覺間就完成了超出預期的充實內容。除了棉花糖的基礎知識和製作方式，我還提供了獨家私藏的創意，絞盡腦汁讓這本書的豐富度與實用度更臻完美。

　　在此向給予我許多幫助完成這本書的 YOASIS 共同代表金在賢、親愛的家人朋友、前後輩、YOASIS 的常客、Klass 學員，還有把我的甜點稱為「作品」的國內外粉絲，以及一直支持我的所有人，獻上最誠摯的謝意。此外，還要向為了成就這本好書傾注所有熱情的朴成英攝影師、李華英食品造型師、用心編輯的張雅凜代理，以及在我人生中提供幸福機會的朴允善組長和 The Table 成員們等，表達我的感謝之情。

金召祐

Contents

棉花糖的
基礎入門課

01
簡單的必備用具

01_ 電子秤

磅秤分為指針秤與電子秤,為了烘焙時能精準測量食材重量,選用誤差較小、可測量微量食材的電子秤為宜。

02_ 篩網

在製作棉花糖時,用來過篩玉米粉的工具。建議所有粉狀食材在使用前都用篩網過濾,避免粉末結塊,也能達到去除雜質的作用。

03_ 不鏽鋼盆

製作蛋白霜時的盛裝工具。因為打發過程蛋白會逐漸膨脹,建議選用較深的不銹鋼盆。

04_ 小湯鍋

製作義式蛋白霜時用來烹煮糖漿的工具。為了讓糖漿均勻受熱,建議使用底部扁平,且與鍋邊趨近垂直的鍋子。

05_ 花嘴 / 擠花袋

擠花時會用到的工具。擠花袋裝上花嘴再放入麵糊後,隨著花嘴形狀、擠花力道和角度不同,可以製作出多種造型的棉花糖。即便是形狀相同的花嘴,也有不同的尺寸,務必仔細確認花嘴編號。

另外,擠花袋分成一次性擠花袋和清洗後可重複使用的布製擠花袋。當麵糊的量為 10 ~ 30 公克左右時,建議使用 12 英吋的擠花袋;麵糊量約為 30 ~ 100 公克時,建議使用 14 英吋擠花袋;超過 100 公克,則建議使用 18 英吋的擠花袋。

06_ 矽膠刮刀

用來攪拌麵糊與食用色素,或是刮除不銹鋼盆中棉花糖糊的必備工具。請選擇耐高溫的材質。

07_ 毛刷

用來刷除棉花糖表面多餘的玉米粉。挑選時需留意刷頭與刷毛,選擇直型的羊毛刷,以免尖筆刷或硬毛刷刮傷棉花糖。

08_ 烘焙用描線筆 / 圓點筆

在製作造型卡通棉花糖時,用來畫出細緻的眼睛、鼻子、嘴巴等五官表情的工具。

09_ 方形刮板

用來推擠擠花袋中的棉花糖糊時所需要的用具。

10_ 溫度計

分為紅外線溫度計與電子探針溫度計,用來測量糖漿溫度或棉花糖糊溫度的工具。紅外線溫度計不需觸碰到物體,就能偵測表面溫度,而電子探針溫度計則需要接觸物體才能測量。

11_ 矽膠模具

讓棉花糖糊成形的輔助工具,可以挑選喜歡的模具形狀。在將棉花糖糊擠入模具之前,先在模具內側均勻塗抹食用油或融化的奶油,完成後才能輕鬆將棉花糖脫模。

12_ 托盤

在托盤上進行棉花糖擠花前,建議用篩網將玉米粉過篩撒在托盤上,棉花糖才不會沾黏。也可以用一般大盤子或烤盤替代。

13_ 手持電動攪拌機

用來打發蛋白霜或將大量棉花糖糊調色時所需要的用具。建議選擇多段速且可以計時的機型,尤其要打發蛋白霜或鮮奶油時,以輕巧型的手持電動攪拌機為佳。

02
常見的基本食材

01_ 檸檬汁

加點檸檬汁有助於去除雞蛋的腥味，並且能破壞蛋白組織，讓打發蛋白霜的過程更加輕鬆。

02_ 蛋白

蛋白為製作蛋白霜的主要食材。蛋白霜分為法式蛋白霜、瑞士蛋白霜、義式蛋白霜，通常製作義式蛋白霜時會選用室溫蛋白，其打發的成品會更蓬鬆。另外，如果想避免雞蛋腥味，請務必確認雞蛋的新鮮度。

03_ 砂糖

砂糖是從甘蔗或甜菜中萃取出的無色或白色精製粉末，帶有甜味，用來調整甜點的甜度和口感。

04_ 食用色素

食用色素選擇黏性介於液體和膏狀之間的為宜，主要用來增添棉花糖五彩繽紛的顏色。本書食用色素使用了 Chefmaster 和惠爾通（Wilton）兩個品牌。

05_ 食用油

用於塗抹在模具內側，有助於讓棉花糖輕鬆脫模。使用時只要在模具內側抹上薄薄一層即可，也可以將奶油融化後代替使用。

06_ 玉米粉

玉米粉就是玉米澱粉，英文為 Cornstarch，用來撒在 Q 彈的棉花糖表層，可以預防棉花糖互相沾黏和反潮，撒上後記得用刷子輕輕刷除多餘的粉末。也可用太白粉、糖粉替代玉米粉，或是將兩者混合使用。本書以防潮力最強的玉米粉為主。

07_ 轉化糖漿（轉化糖）

使棉花糖口感更柔軟的食材，使用轉化糖漿可以避免做出來的棉花糖帶有澀味。另外，也可以用果糖或蜂蜜代替。

08_ 香草精（香草糖漿）

從香草豆莢中萃取出來的香料，是烘焙中最常用的香料，具有去除麵粉或雞蛋腥味的作用。

09_ 裝飾材料

利用食用金箔、食用糖珠等不同裝飾食材，將平凡的棉花糖變身為華麗多彩的甜點。

吉利丁片

吉利丁粉

03
不可或缺的吉利丁

不論是吉利丁粉或吉利丁片，都是從富含膠原蛋白的動物皮或骨頭提煉取得的膠質，具有將液體凝固的作用，創造出柔軟且富彈性的口感，也因為吉利丁無色、無臭、無味，被廣泛運用在甜點和其他料理中。可以依個人使用的習慣選擇吉利丁片或吉利丁粉，本書的棉花糖配方則是選用吉利丁粉。

若想要在溫熱食物中添加吉利丁片，可以直接放入吉利丁片，使其自然融化；若要將吉利丁加在冰涼的食物中，必須先將吉利丁片浸泡在攝氏 10°C 以下的冰塊水中約 5 分鐘，待其泡軟再使用。要注意勿用溫熱水浸泡吉利丁片，否則將會失去凝固功能。

此外，若是食材中有奇異果、鳳梨、檸檬等富含酵素的水果，會弱化吉利丁凝固功能，建議將水果先在沸水中燙過後再加入吉利丁。

★ 吉利丁的用量與口感

吉利丁的比例多寡會直接影響成品的口感，因此可以依據個人喜好的軟硬度，自行調整用量。需要注意的是，因為不同用量的凝結速度不同，如果改變了食譜中的建議用量時，製作的時間也要跟著斟酌調整。

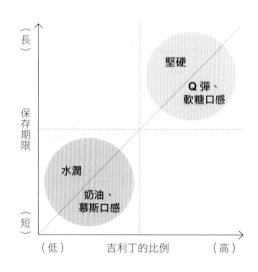

當吉利丁的量增加時，可以縮短甜點凝固的時間，但也比較無法進行細緻的塑形，完成後的棉花糖口感會如同軟糖般 Q 彈。如同上圖標示，隨著吉利丁的用量不同，也會製作出口感截然不同的的棉花糖，包含濕度、硬度，以及保存期限也會隨之改變，所以需留意配方是否需要跟著調整。

每間食品公司製作出來的吉利丁凝固效果（膠強度 Bloom）都不一樣，尤其從豬牛等動物萃取出來的明膠，一般來說凝固強度偏低。所以我建議在製作棉花糖之前，先測試看看自己購買的吉利丁凝固效果，再依此調整適當的用量。除此之外，製作棉花糖時，也需要留意天氣和季節，同時根據製作甜點的空間環境來調整添加量。像是在天氣比較乾冷的日子，可以減少吉利丁的用量，而在比較炎熱的天氣或較潮溼的場所製作時，則可以增添吉利丁加強凝固作用。

★ 溶化吉利丁的方法

加水溶化吉利丁粉或吉利丁片是製作棉花糖的必備步驟。

雖然有些甜點的慕斯會直接加入未融化的吉利丁,但在製作棉花糖的步驟中,務必要先確實溶化吉利丁後再使用。

01_ 使用吉利丁粉

1 將吉利丁粉和水以 1:5 的比例混合。

TIP 吉利丁粉與水相遇後會快速凝固,因此將水倒入吉利丁粉時務必同時快速攪拌才不會凝結成塊。

2 放入微波爐以 20 秒為單位分次加熱,直到溶化為止。

TIP 溫度最高不要超過 60°C,避免過熱沸騰。

02_ 使用吉利丁片

1 將吉利丁片泡入冰水中。

2 大約 20 分鐘後將水倒掉,再用手擰乾後,放入微波爐以 20 秒為單位分次加熱,直到溶化為止。

TIP 吉利丁片的溫度不要超過60°C,避免過熱沸騰。

04
棉花糖的調味方式

棉花糖是不需要經過烤箱烘焙的甜點，只要置於室溫或放入冰箱中等待凝固即可。想要做出不同口味的棉花糖，可以使用水果風味的色素、香草精、萃取液等香料，當然也可以選用天然的食材，只要留意避免材料中含有會讓蛋白霜消泡的油脂成分即可。另外，因為製作過程中會添加吉利丁，所以若擔心有膠質的腥味，可以添加檸檬、果莓等帶酸的水果來去除異味，同時還能增添清爽的感覺。在此，我將介紹幫棉花糖增添風味的兩種方法。

01_ 用風味粉調和出風味醬

1 在風味粉中加入少量溫水，攪拌均勻。

> **TIP** 如果在製作棉花糖的過程中直接加入風味粉，有可能無法完全溶解，所以為了做出光澤滑順的棉花糖，要先調製成風味醬再使用。

2 攪拌到均勻混合，醬汁逐漸濃稠，即完成風味醬。

3 在棉花糖糊中放入適量的步驟 2 成品，再以電動手持攪拌機低速攪拌均勻。

> **TIP** 若添加的風味醬過多，有可能稀釋了棉花糖糊的濃稠度而不易凝固，請斟酌添加。

02_ 用天然水果煮成風味糖漿

1 在水果或水果泥中放入轉化糖漿，用大火烹煮至 110～125℃。

> **TIP** 熬煮時要邊用刮刀攪拌鍋底，才不會燒焦或沾黏。

2 起鍋前，先確認風味糖漿的濃稠度。

> **TIP** 糖漿溫度不同，棉花糖的口感也會隨之改變，可參考 **P28** 糖漿溫度細節。

3 可以用在棉花糖配方 **P30-35** 中作為代替糖漿（砂糖 + 水 B + 轉化糖漿）的食材。

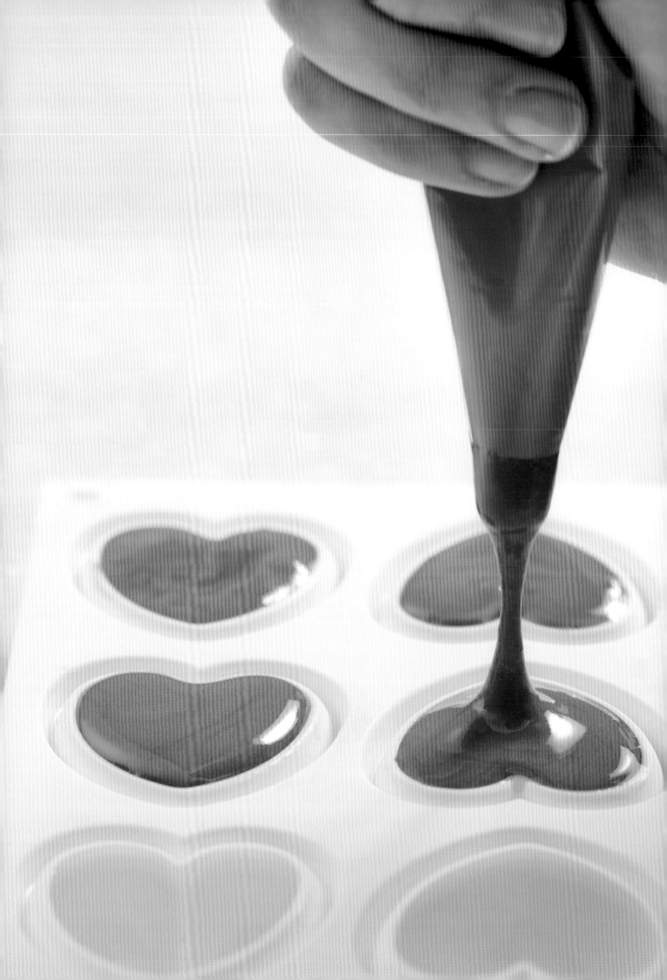

05
繽紛的調色技巧

當大家提到棉花糖，最先想起的應該是街上的童年回憶，那個大大的、蓬鬆的粉白色棉花糖。而我們這本書中的，則是可以隨意調色，呈現出漂亮華麗或可愛逗趣造型的手工棉花糖。想要調製出夢幻的顏色時，可以使用五彩繽紛的天然色素或食用色素，要注意的是為了順利打發蛋白霜，請選用「水溶性色素」來避開油脂含量高的色素。

在調色過程中，選用的色素固然重要，但更重要的是「速度」。因為調色的過程拉得越長，一旦棉花糖糊溫度降低了便會凝固。雖然可以再將棉花糖糊隔水加熱軟化，但溫度升高後，又會使麵糊中的氣泡消失，進而降低濃稠度，如此一來在塑形時，便很難做出具有立體感的模樣了。

當棉花糖糊量少於 50 公克時

因為量很少，所以只要放一點點食用色素就會有鮮明色彩。一開始用牙籤沾取少量的色素，漸漸調整到適當的顏色，並持續以刮刀攪拌，避免棉花糖糊在調色過程消泡。

當棉花糖糊量多於 50 公克時

份量比較多的時候，就不太適合用刮刀攪拌。一來比較難施力，二來會花比較久的時間，容易導致棉花糖糊降溫而凝固，尤其，用刮刀攪拌的過程中容易跑進更多空氣，因此建議使用手持電動攪拌機以低速攪拌，解決氣泡過多的問題。

添加色素時要斟酌用量

有些人為了讓色彩更鮮豔，會加入很多色素。但棉花糖糊中本來就含有具吸水性的砂糖，會一點一滴吸收空氣中的濕氣，如果再加上色素的水分，很容易因含水量過多不易凝固，導致製作過程中顏色向四周暈開來。棉花糖凝固後的色澤會再稍微變深，所以調色時調到比自己想要的顏色再淡一點即可，避免過量。

06
製作 & 保存的注意事項

棉花糖的成敗與否容易受到溫度和濕度的影響，所以在開始製作之前請務必留意下列事項。

01_ 盛裝容器與攪拌工具不得沾有油或水。

製作棉花糖糊使用的蛋白霜時，若容器或攪拌工具不小心沾到油或水，便不容易打發。因此，請務必徹底清洗器具，確認沒有殘留油脂，並充分晾乾或擦乾後再使用。

02_ 蛋白請確實分離，避免沾到蛋黃。

雞蛋蛋黃帶有脂質，蛋白若沾到蛋黃會很難打發，所以分蛋時蛋白請盡量避免沾到蛋黃。

03_ 最理想的製作環境溫度為 18 ～ 21°C、溼度 45%。

棉花糖糊中的蛋白霜很容易受到溫度和溼度的影響，如果環境溫度過高，棉花糖糊太快變乾，就會變得很難操作。一旦溼度過高，也會因為吸收空氣中過多的水分而失去彈性，不容易凝固；反之，若濕度太低，棉花糖糊的水分流失過快，表面則可能出現裂痕。

製作棉花糖最理想的環境溫度為 18 ～ 21°C，溼度 45%。建議在製作棉花糖前，先確認環境的溫度和濕度是否合宜，可以大幅降低失敗率。

04_ 冷藏保存期為 7 天，冷凍保存期為 3 週。

與市售的棉花糖不同，不添加防腐劑的手工棉花糖，要使用正確的方法保存才能延長新鮮度，當然，還是趁新鮮盡快食用完畢最好。

保存期限會因為配方而改變，像是內層口感偏結實的棉花糖，保存期限會比水潤口感的棉花糖更久；另外，晾乾凝固的時間也有影響，一般棉花糖只要一到兩個小時左右即可定型，如果是比較厚或比較大的棉花糖，凝固時間就會變長，例如需要一天以上的時間來凝固的棉花糖，表層會比較乾硬，便可以延長保存期限。不過別擔心口感變差，神奇的是，放上熱飲後，棉花糖又會變得水潤滑順。

05_ 留意製作時間，棉花糖糊低於 30°C 就會凝固。

剛開始製作時，建議從簡單的形狀開始嘗試，經過多次的練習後，就能掌握到溫度與速度的配合節奏。棉花糖糊的溫度低於 30°C 就會開始凝固，即便凝固後仍可以用 45 ～ 50°C 的溫水隔水加熱，使棉花糖糊重新變得柔軟，但經過隔水加熱的棉花糖糊會消泡，稠度降低，處於不穩定的狀態，效果較差。

06_ 拉長擠花的間隔，創造明顯的立體感。

比起質地紮實的棉花糖糊，口感偏柔軟或是濃稠度低的棉花糖糊，在做造型時很容易融合在一起，變得沒有立體感。所以，當要製作卡通造型等需要鮮明立體感的棉花糖時，就要拉長每次擠花的間隔時間，等表面稍微凝固後，再進行下一步的裝飾。

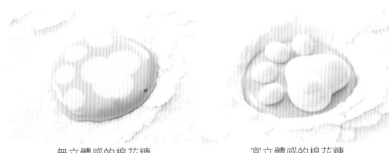

無立體感的棉花糖　　　　　　富立體感的棉花糖

07_ 在棉花糖上畫出細緻的表情和裝飾。

想要在卡通圖案上做細緻的五官裝飾作業時，有以下三種方法。

❶用竹炭粉或黑色色素加水調色後使用；❷在棉花糖糊中直接加入黑色色素調色；❸使用融化的巧克力或是市售巧克力筆。

但❶和❷的方法比較怕潮濕，在尚未完全凝固之前就放入冰箱的話，顏色容易暈染開來。因此建議使用融化巧克力或市售巧克力筆，操作上較方便。

巧克力醬　　　　　　　　　市售巧克力筆

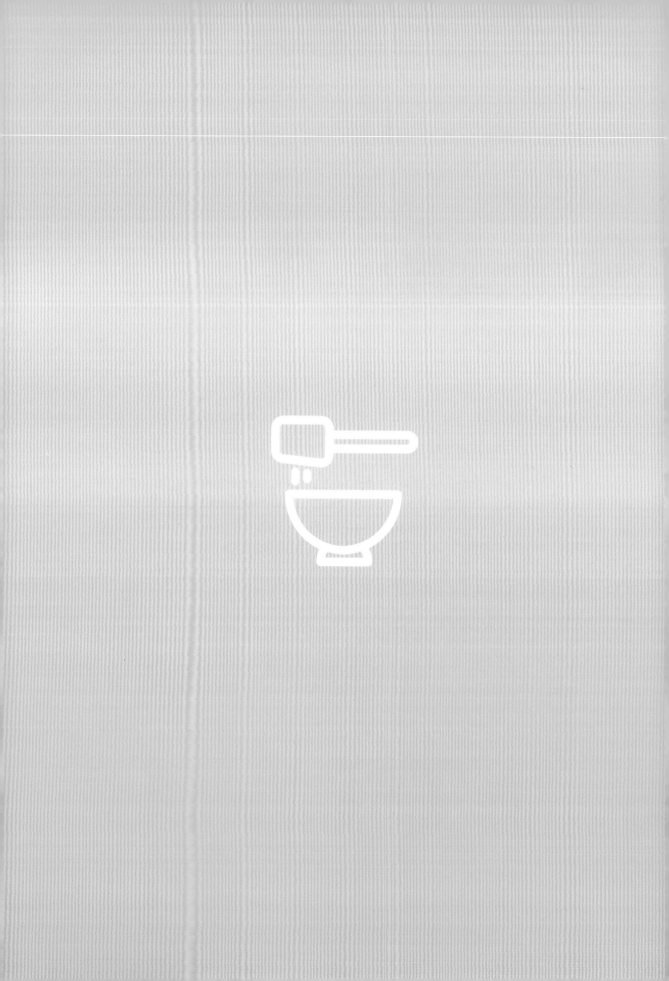

製作不同口感的
棉花糖糊

01
什麼是棉花糖？

棉花糖是用蛋白、吉利丁、香料、食用色素混合製成的甜點，口感如同海綿一樣鬆軟。

棉花糖原本是古代法國從香草植物「藥蜀葵（Marshmallow）」的根部中萃取精華液，再添加砂糖、蜂蜜、果糖、蛋白、天然香料而製成的點心。可以將棉花糖切成適口大小直接食用，或添加在各種甜點飲品中作為裝飾，還能用來當作餅乾夾心，創造出新的風味甜點。除此之外，在棉花糖外層裹上薄薄的巧克力即可享受雙重的甜蜜滋味，或將棉花糖串在一起火烤一下，品嚐外層酥脆、內層水潤的魅力口感。

本書依照不同棉花糖的口感和型態，分成三種蛋白霜配方。只要按個人想要製作的棉花糖類型使用適合的配方，就能做出高質感的棉花糖。例如想要做出如同軟糖般口感的棉花糖，可以選擇「Q 彈感棉花糖糊（P.30）」；當希望棉花糖柔軟滑順時則可以製作「水潤感棉花糖糊（P.32）」，這一款棉花糖也適合添加堅果等食材。

Q 彈感棉花糖糊

這款蛋白霜的配方不需要添加蛋白，若使用從植物萃取的吉利丁，即是完美可口的素食甜點。與另外兩款配方相比，這一款棉花糖糊中幾乎沒有氣泡，所以很難使用擠花的方式製作立體棉花糖，但因為口感彈潤，非常適合搭配其他甜點。

水潤感棉花糖糊

這款棉花糖採用的是富含水分的義式蛋白霜理論製作（P.28），吃起來柔軟濕潤。濃稠度為60%~70% 左右，不僅適合放入模具製作造型，也是最適合添加堅果、果乾類等不同口感食材的最佳配方。

紮實感棉花糖糊

這是採用義式蛋白霜理論為基礎的低水分蛋白霜（P.28）製成的棉花糖，口感結實。濃稠度為 80~90%，適合利用花嘴擠花，製作出立體感十足的棉花糖，同時也推薦在這個配方中添加蔬果泥、香料、利口酒等含水量高的食材。

02
棉花糖與義式蛋白霜

★ 什麼是義式蛋白霜？

義式蛋白霜是製作水潤感和紮實感棉花糖的主要材料，指的是將煮至約 118°C 的砂糖糖漿，加入打發的蛋白中，利用高溫糖漿將蛋白凝固，同時達到殺菌效果，製成高度穩定的蛋白霜，很適合運用在無需烘烤，能立即食用的甜點，例如棉花糖、牛軋糖、奶油、慕斯等。煮砂糖糖漿時的溫度最低不低於 110°C，最高可至 125°C，不同的烹煮溫度會影響蛋白霜的水分含量。若讓糖漿在 110°C 左右的溫度下完成的話，就會製作出含水量高的溼潤蛋白霜；反之，若糖漿在 125°C 的高溫下完成的話，蛋白霜則比較乾燥、含水量偏低。

★ 糖漿溫度 VS 蛋白霜口感

01_ 用 110°C 製成的糖漿

幾乎沒有金黃色澤，濃稠度介於水和糖漿之間，水分含量高。製作出來的糖漿偏稀，流速較快，所以在倒入其他容器時，要注意力道不讓糖漿一次傾灑出來。

02_ 用 125°C 製成的糖漿

色澤微泛黃，比起 110°C 製成的糖漿更濃稠一點，水分含量較低。糖漿呈黏稠狀，流速較慢，可能會像線一樣纏繞在手持式攪拌機上並自然凝固。倒入容器時建議沿着盆壁慢慢傾倒。

若想要在打發的蛋白中添加堅果或果乾類等食材時，儘可能將糖漿煮至 110°C 即可，讓蛋白霜維持濕潤狀態，搭配起來口感更佳；反之，想在打發蛋白中添加蔬果泥、香料、利口酒等含有水分的食材時，則儘可能將糖漿煮至 125°C，以降低蛋白霜的含水量為宜。

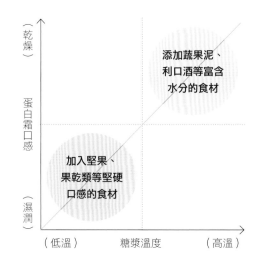

★ 義式蛋白霜的打發方式

01_ 在蛋白中直接加入糖漿

在尚未發泡的蛋白中一次倒入全部的糖漿並不斷攪伴，即可製作出穩定度更高、結構更細密的蛋白霜，很適合加入奶油或慕斯中，提高形態的維持度。但也因為蛋白霜的結構細密、氣泡不豐富的關係，所以不常運用在立體感的棉花糖上。下方右圖是大概打至七分發的蛋白霜，穩定度和細緻度都在最佳狀態，但也可以製作出更濃稠的蛋白霜，只要依據想要的成品調整即可。

02_ 在起泡的蛋白中加入糖漿

在已經起泡的蛋白中放入糖漿攪拌，因為內部充滿豐富的氣泡，蛋白霜的體積也會變大，但與奶油或慕斯等其他食材混合時容易消泡。製作棉花糖的造型時，由於蛋白霜中的氣泡夠多、支撐力強，所以能以擠花的方式打造出立體感十足的棉花糖。

03
Q 彈感棉花糖糊

準備食材

吉利丁粉 6g、水A 30g、砂糖 95g、水B 60g、轉化糖漿 24g、香草精 2滴

✖️ 製作方法

1 在容器中放入吉利丁粉和水 A 拌勻，放入微波爐後分次加熱至完全溶解（每次加熱 20 秒，溫度不超過 60°C）。**P17**

2 在小湯鍋中加入砂糖、水B、轉化糖漿後，用大火加熱至 110°C，製成糖漿。

TIP 為了避砂糖結晶，不需要用刮刀攪拌，以靜置方式煮至沸騰即可。但如果是以水果泥代替水熬煮時，為了不粘黏鍋底，烹煮過程需用刮刀攪拌。

3 將步驟 2 的鍋子離火後，倒入另一個不鏽鋼盆中，再倒入步驟 1 已經完全溶解的吉利丁。

4 用刮刀攪拌。

5 放入香草精攪拌。

6 用電動攪拌機以中速攪拌 2 分鐘至棉花糖糊呈不透明的白色。

7 打至五分發，舉起攪拌機時棉花糖糊往下流，且痕跡不會停留在表面，即完成 Q 彈感棉花糖糊。

準備食材

吉利丁粉 8g、水A 40g、砂糖 120g、水B 50g、轉化糖漿 24g、
蛋白 75g、香草精 2滴

製作方法

1 在容器中放入吉利丁粉和水 A 拌勻，放入微波爐後分次加熱至完全溶解（每次加熱 20 秒，溫度不超過 60℃）。 P17

2 在小湯鍋中加入砂糖、水B、轉化糖漿，用大火加熱至 110℃，製作成糖漿。

TIP 若在打發完蛋白霜之後，要再添加蔬果泥或色素，建議加熱至 125℃ 為宜。 P28

3 等待步驟 2 溶化的時候，在另一不鏽鋼盆中放入蛋白。

4 在步驟 3 中，慢慢倒入加熱至 110℃ 的步驟 2 糖漿，用電動攪拌機中低速攪拌 1 分 30 秒。

TIP 倒入糖漿至步驟 3 時要注意流速，太快或太急有可能把蛋白燙熟，請務必留意。

5 打發至七分發，舉起攪拌機時蛋白霜往下流，但在表面留下明顯痕跡。

6 同時倒入步驟 1 溶化的吉利丁與香草精，用電動攪拌機攪拌 30 秒左右。

TIP 棉花糖糊一旦低於在 30℃ 就會開始凝固，所以在調色或放入其他食材時，要讓棉花糖糊保持在 40℃ 以上。

7 打至八分發，舉起攪拌機時尖端呈彎勾狀，盆內麵糊也被往上拉出一個勾時，即完成水潤感棉花糖糊。

05
紮實感棉花糖糊

準備食材

吉利丁粉 10g、水A 50g、砂糖 85g、水B 30g、轉化糖漿 20g、
蛋白 75g、檸檬汁 2g、砂糖B 45g、香草精 2滴

✂️ 製作方法

1 在容器中放入吉利丁粉和水 A 拌勻,放入微波爐後分次加熱至完全溶解(每次加熱 20 秒,溫度不超過 60°C)。**P17**

2 在小湯鍋中加入砂糖、水B、轉化糖漿,用大火加熱至 125°C,製作成糖漿。

TIP 若想要在蛋白霜完成後添加堅果等食材,建議加熱至 110°C 為宜。**P28**

3 在等待步驟 2 溶化的時候,在另一不鏽鋼盆中放入蛋白和檸檬汁,用中速攪拌 1 分鐘,打出綿密豐厚的氣泡。

4 分三次放入砂糖B,每次用中速或高速攪拌 30 秒。

5 打至九分發,舉起攪拌機時,蛋白霜尾端呈尖角狀。

6 將加熱糖漿至 125°C 的步驟 2 慢慢倒入蛋白霜中,同時用中速攪拌 1 分鐘 30 秒。

TIP 請注意倒入的糖漿流速,若速度太快有可能導致蛋白霜濃稠度變稀。

7 接著倒入步驟 1 已經溶化的吉利丁與香草精,用電動攪拌機攪拌 30 秒。

TIP 棉花糖糊低於 30°C 就會開始凝固,所以在調色或放入其他食材時,要讓棉花糖糊保持在 40°C 以上。

8 打至八分發,舉起攪拌機時尖端呈彎勾狀,盆內麵糊也被往上拉出一個勾時,即完成紮實感棉花糖糊。

06
棉花糖的造型手法

製作造型棉花糖時,除了模具外,最常用到的就是擠花的手法。即便只有圓形的花嘴,也可以利用不同尺寸,做出多種趣味療癒的模樣。只要熟悉基本手法,依照質地需求選擇棉花糖糊,就能做出乾淨俐落的線條。剛開始建議先練習幾次這裡的基礎技巧,有助於更快上手。書中比較進階的可愛造型,也會附上 QRCode 示範影片,幫助大家更了解詳細的步驟。

1 握住擠花袋,花嘴離托盤的距離約為 1 公分,保持垂直後開始擠出棉花糖糊。

2 維持相同的力道,先擠出自己想要的大小。

3 大小確定後,將手的力量完全放掉,再用花嘴輕輕在棉花糖糊表面畫一圈後收尾。

★ **注意事項**

∴收尾的時候若不先停止擠,直接將花嘴往上拉,就會出現圖中的尖角。

∴當棉花糖糊凝固後,擠出來就會粗糙不平滑。擠的時候要留意棉花糖糊的溫度,最好維持在 27 ～ 30℃,如果已經開始凝固,放入 45 ～ 50℃ 的溫水中隔水加熱,就可以再次使用。但要注意的是,棉花糖糊有可能因為長時間接觸溫熱水而消泡,變得水水的,擠出來會往外擴散成扁平狀,所以需要掌控好溫度跟時間。

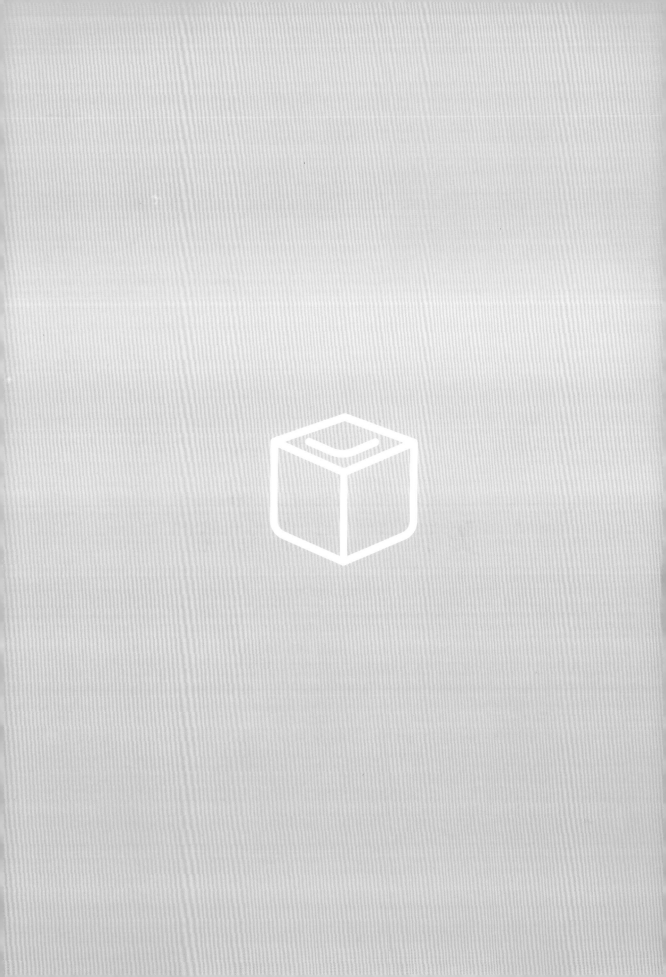

不需模具的
質感方塊棉花糖

01
經典款棉花糖

本書中的棉花糖囊括了以下三種棉花糖糊作法,包含「Q 彈感棉花糖糊
(P.30)」、「水潤感棉花糖糊(P.32)」,以及「紮實感棉花糖糊(P.34)」,
不論是濕潤柔軟,還是滑順紮實,都能依照你的喜好做出美味的棉花糖。

而這是最簡單的一款基礎棉花糖,除了添加香草精,並不需要其他食材,
清爽的滋味十分適合搭配熱巧克力或抹茶拿鐵享用。直接吃當然也很棒,
切成適合入口大小,撒上濃郁微苦的黑巧克力,增添豐富醇厚的風味。

· Preparation ·

水潤感棉花糖糊 P32

吉利丁粉 8g、水A 40g、砂糖 120g、水B 50g、轉化糖漿 24g、
蛋白 75g、香草精 2滴

其他食材

食用油 適量、玉米粉 適量

特殊用具

正方形烤盤(19.5cmX19.5cm)
由於不會經過加熱,選擇正方形的烤盤或托盤都可以。

成品數量

49個

製作方法

1 用毛刷在烤盤內側均勻塗抹薄薄一層食用油。

2 按照「水潤感棉花糖糊 P32」步驟做出棉花糖糊。

3 將棉花糖糊倒入烤盤，並用刮刀抹平表面。

4 將烤盤抬高約 10 公分，往下敲 3～5 次，震出棉花糖糊中的氣泡。

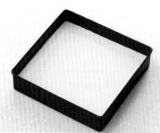

5 放入冰箱冷藏 2 個小時，直到完全凝固。

6 在砧板上撒玉米粉防沾黏。

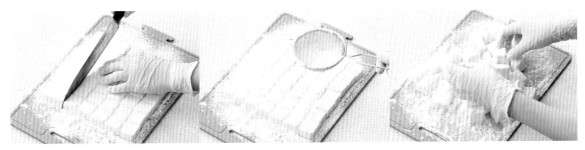

7 從冰箱取出烤盤，小心地將
凝固的棉花糖移至砧板，切
成適合入口的大小。

TIP 先在刀上塗抹融化奶油或食
用油，可以避免切割時沾黏。

8 在棉花糖上均勻撒一層玉米
粉，避免疊放時黏在一起。

9 輕輕用手將棉花糖四面均勻
沾上玉米粉，再放到篩網
上，輕輕篩除多餘粉末。

02

櫻桃奶酥棉花糖

只要在基本款棉花糖中添加不同食材，就能變化出多種風味甜點。蛋白霜
與檸檬、覆盆子、櫻桃等清爽的水果十分相配，這款棉花糖選用櫻桃泥製
成糖漿，再添加櫻桃乾和奶酥，同時升級了口感與風味的層次。我也推薦
在巧克力蛋糕上鋪一層櫻桃奶酥棉花糖，創造出相近於慕斯蛋糕口感，卻
更加具有滋味的獨特甜點。

 · Preparation ·

水潤感棉花糖糊 P32

吉利丁粉 8g、水A 40g、砂糖 120g、櫻桃泥 82g、轉化糖漿 24g、
蛋白 75g、香草精 2滴

其他食材

奶酥* 適量、食用油 適量、櫻桃乾 40g、玉米粉 適量、櫻桃 適量、
砂糖 適量、糖粉 適量

奶酥*
低筋麵粉 90g、杏仁粉 90g、砂糖 80g、無鹽奶油（室溫軟化）90g、
香草精 2滴

特殊用具

正方形烤盤（19.5cmX19.5cm）、食物調理機、
烤箱（預熱至170°C）

成品數量

49個

製作方法

 製作奶酥

1 用篩網將低筋麵粉與杏仁粉過篩。

2 在食物調理機中，放入步驟1的食材、砂糖、室溫放軟後的無鹽奶油、香草精攪拌均勻。

3 當食材漸漸成團，直到調理機無法再轉動時即停止。

4 取出奶酥麵團後，放入冰箱冷藏 24 個小時。

5 從冰箱中取出奶酥麵團，剝成碎塊後，再放上烤盤。

6 將烤盤放入預熱至 170°C 的烤箱中，以 170°C 烘烤10～12 分鐘，再將奶酥均勻弄碎。

製作棉花糖

7 用毛刷在烤盤內側均勻塗抹
上薄薄一層食用油。

8 將製作糖漿步驟中的水B換
成櫻桃泥,按照「水潤感棉
花糖糊 P32」的步驟製作。

   TIP 糖漿加熱時要一邊用刮刀攪
   動,避免鍋底沾黏。

9 放入櫻桃乾,用刮刀拌勻。

   TIP 櫻桃乾使用前,要先用熱水
   或蘭姆酒泡開後並拭乾水氣。

10 將棉花糖糊倒入烤盤,並
用刮刀抹平表面。

11 將烤盤抬高約 10 公分,往
下敲 3 ～ 5 次,震出棉花
糖糊中的氣泡,之後放入
冰箱冷藏 2 個小時。

12 在砧板上均勻撒上一層玉
米粉。

13 從冰箱取出烤盤，小心將凝固的棉花糖糊移至砧板。

14 切成適合入口的大小。

TIP 先在刀上塗抹融化奶油或食用油，可以避免切割時沾黏的情形。

15 用毛刷在棉花糖表面均勻刷上砂糖，再撒上玉米粉。

16 在棉花糖上鋪一層事先做好的奶酥，再擺上櫻桃。

17 均勻撒上糖粉，完成。

03
抹茶巧克力棉花糖

通常在添加抹茶粉等粉類材料時，很容易出現粉末結塊、無法均勻混合的現象。為了解決這個問題，我建議在粉末中放入少量溫水攪拌，當呈現醬汁般黏稠的質地後再加入棉花糖糊中拌勻，比較能夠製作出均勻且品質穩定的棉花糖糊。抹茶淡淡的苦澀完美中和棉花糖的甜蜜滋味，兩者自然融為一體，切成方便入口的大小直接食用，或在餅乾中間夾一塊抹茶巧克力棉花糖增添風味，都是令人難以抗拒的美味。

· Preparation ·

水潤感棉花糖糊 P32
吉利丁粉 8g、水A 40g、砂糖 120g、水B 50g、轉化糖漿 24g、蛋白 75g、
香草精 2滴

其他食材
食用油 適量、抹茶粉 8g、溫水 20g、巧克力豆 40g、
巧克力豆（裝飾用） 適量、玉米粉 適量、抹茶粉 適量

特殊用具
正方形烤盤（19.5cmX19.5cm）
由於不會經過加熱，選擇正方形的烤盤或托盤都可以。

成品數量
49個

製作方法

1 用毛刷在烤盤內側均勻塗抹上薄薄一層食用油。

2 將抹茶粉和溫水放入碗中，拌勻到醬汁般的濃稠度。

3 按照「水潤感棉花糖糊 P32」的步驟，製作棉花糖糊。

4 在步驟 3 中的棉花糖糊中，放入步驟 2 的抹茶，再攪拌均勻。

5 趁熱放入巧克力豆，並用刮刀輕輕攪拌至融化。

TIP 各家廠牌巧克力豆的熔點不同，但大約 50°C 左右就會融化，注意不要使用到高熔點的巧克力。

6 將棉花糖糊倒入烤盤，並用刮刀抹平表面。

7 將烤盤抬高約 10 公分，往下敲 3 ～ 5 次，震出棉花糖糊中的氣泡。

8 均勻撒上裝飾用的巧克力豆。

TIP 此時棉花糖糊表面已降溫，不用擔心巧克力豆融化。

9 放入冰箱中冷藏 2 個小時。

10 先在砧板撒上玉米粉，並將烤盤中凝固的棉花糖小心地移至砧板。

11 切成適合入口的大小。

TIP 先在刀上塗抹融化奶油或食用油，可以避免切割時沾黏的情形。

12 將抹茶粉與玉米粉以 1：2 的比例混合後，均勻撒在棉花糖上。

TIP 用毛刷刷除多餘的粉末。

04

摩卡咖啡雙層棉花糖

在棉花糖中加入巧克力和咖啡,做出一款精品級風味的摩卡咖啡雙層棉花糖。調溫巧克力中含有可可脂,若放過量會使蛋白霜鬆塌,呈現往外擴散的狀態,因此在擠花用的棉花糖糊中不建議添加。口感與抹茶巧克力棉花糖相似,具有慕斯的滑順感,與比司吉等不帶甜味的點心十分相配。另外也可以再添加一些巧克力脆片、堅果等食材,增加酥脆的口感層次。

— *Preparation* —

水潤感棉花糖糊 P32

吉利丁粉 8g、水A 40g、砂糖 120g、水B 50g、轉化糖漿 24g、蛋白 75g、香草精 2滴

其他食材

食用油 適量、調溫黑巧克力 50公克、調溫牛奶巧克力 30公克、
濃縮咖啡 6公克、法芙娜珍珠巧克力米 適量、玉米粉 適量、可可粉 適量

特殊用具

正方形烤盤(19.5cmX19.5cm)
由於不會經過加熱,選擇正方形的烤盤或托盤都可以。

成品數量

49個

製作方法

1 用毛刷在烤盤內側均勻塗抹薄薄一層食用油。

2 在乾淨的容器中放入調溫黑巧克力與調溫牛奶巧克力，以隔水加熱方式融化。

3 按照「水潤感棉花糖糊 **P32**」的步驟做棉花糖糊，完成後分一半放入不同的容器裡。

TIP 打好的蛋白霜容易消泡，開始製作前先將所有材料備齊，才能避免製作時間太長。

4 在其中一半的棉花糖糊中，放入濃縮咖啡攪拌均勻。

5 將拌勻的棉花糖糊倒入烤盤，並用刮刀將表面抹平。將烤盤抬高約 10 公分，往下敲 3～5 次，震出裡面的氣泡。

6 在另外一半的棉花糖糊中，放入步驟 2 融化的巧克力，並用刮刀輕輕攪拌。

TIP 不用混勻，用刮刀輕輕攪拌出大理石紋路即可。

7 在步驟 5 的烤盤上倒入步驟 6，並用刮刀抹平表面。

8 將烤盤抬起高 10 公分，並往下敲 3 ~ 5 次，震出裡面的氣泡。

9 均勻撒上法芙娜珍珠巧克力米後，放入冰箱中冷藏 2 個小時凝固。

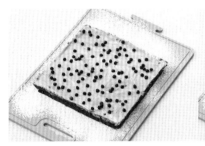

10 在砧板上先撒上玉米粉，並將烤盤中凝固的棉花糖小心移至砧板。

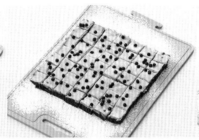

11 切成適口的大小。

TIP 先在刀上塗抹融化奶油或食用油，可以避免切割時沾黏的情形。

12 在完成的棉花糖上，均勻撒上可可粉即完成。

TIP 用刷子刷除多餘的粉末。

05
藍莓雙層棉花糖

在棉花糖糊中添加天然的藍莓果醬，製作出自然風味和清爽色澤的藍莓雙層棉花糖。即便不使用人工色素，用天然的食材也能做出色彩繽紛的作品。要注意的是，若棉花糖糊的水分含量過高，將會減緩凝固速度，也會縮短保存期限！

· Preparation ·

水潤感棉花糖糊 P32
吉利丁粉 8g、水A 40g、砂糖 120g、水B 50g、轉化糖漿 24g、蛋白 75g、香草精2滴

其他食材
食用油 適量、乾燥藍莓碎 2公克、藍莓果醬 30公克、藍莓乾 適量、玉米粉 適量

特殊用具
正方形烤盤（19.5cmX19.5cm）
由於不會經過加熱，選擇正方形的烤盤或托盤都可以。

成品數量
49個

製作方法

1 用毛刷在烤盤內側均勻塗抹上薄薄一層食用油。

2 按照「水潤感棉花糖糊 P32 」的步驟做棉花糖糊,完成後分一半放入不同的容器裡。

3 在其中一半的棉花糖糊放入乾燥藍莓碎,用刮刀攪拌均勻。

4 將棉花糖糊倒入烤盤,用刮刀抹平表面。將烤盤抬高約10公分,往下敲 3 ～ 5 次,震出裡頭的氣泡。

5 在另一半棉花糖糊中放入藍莓果醬,用刮刀均勻攪拌。

6 將步驟 5 倒在步驟 4 的烤盤上,並用刮刀抹平表面。

7 再次將烤盤抬高 10 公分，往下敲 3 ~ 5 次，去除裡頭的氣泡。

8 均勻放上藍莓乾。

TIP 使用藍莓乾前，要用熱水或蘭姆酒泡開並拭乾水氣。

9 放入冰箱冷藏 2 個小時，讓棉花糖凝固。

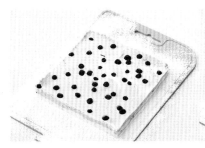

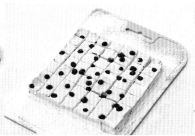

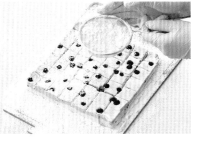

10 在砧板上先撒上玉米粉，並將烤盤中凝固的棉花糖小心移至砧板。

11 切成適合入口的大小。

TIP 先在刀上塗抹融化奶油或食用油，可以避免切割時沾黏的情形。

12 均勻撒上玉米粉即完成。

TIP 用刷子刷除多餘的粉末。

06
彩虹棉花糖

色澤如同玩具般五彩繽紛的彩虹棉花糖。本書中以食用色素來表現鮮豔、繽紛的色彩，也可以用天然食用色素製造溫和的淺色。棉花糖不一定是以食用為主軸，也可以少量運用在蛋糕或甜點的裝飾上，打造別出心裁的特別設計。如果要製作裝飾用的棉花糖時，建議改用抗潮力較強的「紮實感棉花糖糊」（P.34），形狀較明顯，也能夠維持得更久。

Preparation

水潤感棉花糖糊 P32
吉利丁粉 8g、水A 40g、砂糖 120g、水B 50g、轉化糖漿 24g、蛋白 75g、香草精 2滴

其他食材
食用油 適量、玉米粉 適量

食用色素
紫色、藍色、綠色、黃色、紅色

特殊用具
正方形烤盤（19.5cmX19.5cm）
由於不會經過加熱，選擇正方形的烤盤或托盤都可以。

成品數量
49個

製作方法

1 用毛刷在烤盤內側均勻塗抹上薄薄一層食用油。

2 按照「水潤感棉花糖糊 P34」的步驟做棉花糖糊，完成後分成 5 等分並各自放入容器裡。

3 將 5 種不同顏色的食用色素分別放入 5 盆棉花糖糊中，並用刮刀混合，調製出五種不同顏色的棉花糖糊。

TIP 食用色素只要少許就能染出明顯色彩，為避免含水量過高，可以用牙籤少量沾取，調到比預計顏色稍淡的狀態即可。

4 將紫色的的棉花糖糊倒入烤盤中。

5 再倒入藍色的棉花糖糊。

TIP 倒入的方式不拘，也可以將不同顏色的棉花糖糊平整地層層堆疊，照上圖將各色棉花糖糊集中在一區，則能做出自然的大理石紋路。

6 按步驟 5 的方式，將 5 種顏色的棉花糖糊放入烤盤中。

7 將烤盤抬高約 10 公分，往下敲 3 ～ 5 次，震出裡頭的氣泡。再放入冰箱中冷藏 2 個小時，讓棉花糖凝固。

8 在砧板上先撒上玉米粉，並將烤盤中凝固的棉花糖小心移至砧板。

9 切成適合入口的大小。

TIP 先在刀上塗抹融化奶油或食用油，可以避免切割時沾黏的情形。

10 用篩網撒上玉米粉。

11 用手混合至棉花糖都均勻裹上玉米粉，即完成。

愛不釋手的
萌系造型棉花糖

01
圓柱棉花糖

提到棉花糖時，大家腦海最容易浮現的正是這款基本的圓柱棉花糖。切成方便一次入口的大小，串上竹籤後用火炙燒，就能品嚐到表面酥脆，內層如奶油柔滑的美味的棉花糖。這裡介紹的是使用「紮實感棉花糖糊（P.34）」來製作的配方，當然，你們也可以選擇運用「Q彈感棉花糖（P.30）」替代，用來搭配巧克力餅乾，就是一款口感富有彈性的手工甜點。

· Preparation ·

紮實感棉花糖糊 P34

吉利丁粉 10g、水A 50g、砂糖 85g、水B 30g、轉化糖漿 20g、蛋白 75g、檸檬汁 2g、砂糖 45g、香草精 2滴

其他食材

玉米粉 適量

特殊用具

圓形平口花嘴809

成品數量

50個

製作方法

1 在托盤上均勻撒上玉米粉。

2 按照「紮實感棉花糖糊 P34」的步驟做好棉花糖糊，並放入已裝好 809 號花嘴的擠花袋中備用。

3 用手握住擠花袋，花嘴與托盤底部呈 15 度角，用穩定的力量施力，由左到右擠出長條形。

TIP 為了防止互相沾黏，每段棉花糖至少要間隔 1 公分。

4 放入冰箱冷藏 2 個小時至凝固，取出後再均勻的撒上玉米粉。

5 用刀子切成方便入口的大小。

6 讓每一塊棉花糖都均勻沾上玉米粉，再放到篩網上，輕輕篩除多餘的粉末。

02
覆盆子莓心棉花糖

利用模具與覆盆子，做出一款造型甜蜜、口味酸甜的心型棉花糖。本書所介紹的作法，是用兩層棉花糖糊包覆覆盆子果醬，比起將果醬與棉花糖糊混合的作法更有層次，滋味也更爽口。除了心型模具外，也可以嘗試其他造型模具，製作出多種樣貌的棉花糖。

· Preparation ·

Q 彈感棉花糖糊 P30

吉利丁粉 6g、水A 30g、砂糖 95g、覆盆子果泥 60g、轉化糖漿 24g、香草精 2滴

其他食材

覆盆子果醬* 適量、食用油 適量、玉米粉 適量

覆盆子果醬*

覆盆子果泥 60g、砂糖 20g、檸檬汁 6g、吉利丁粉 2g、水 10g

特殊用具

心形矽膠模

成品數量

10個

製作方法

製作覆盆子果醬

1 在小湯鍋中放入覆盆子果泥，以中火加熱到小滾。

2 放入砂糖和檸檬汁，熬煮成黏稠的糖漿。

3 在另一個容器中放入吉利丁粉加水攪拌至完全溶解。

製作棉花糖

4 取一不鏽鋼盆倒入步驟 2 的果泥糖漿，再加入步驟 3 的已經溶化的吉利丁，用刮刀攪拌均勻。

5 用玻璃碗盛裝，並用保鮮膜密封以隔絕空氣，再放入冰箱冷藏，即完成覆盆子果醬。

6 按照「Q 彈感棉花糖糊 P30」的步驟做棉花糖糊，（以覆盆子果泥代替水B。）

TIP 加入覆盆子果泥煮的過程中記得用刮刀攪拌，以免鍋底沾黏。

7 用毛刷在心形模具內側均勻抹上薄薄一層食用油。

8 將棉花糖糊倒入擠花袋中，並剪掉擠花袋底端 0.5 公分當擠口，將棉花糖糊擠入心型模具中至一半高度。

9 將覆盆子果醬裝入另一個擠花袋中，剪掉擠花袋底端 0.5 公分當擠口，在步驟 8 上擠入適量覆盆子果醬。

10 再用棉花糖糊填滿心形模具，要留意不要讓棉花糖糊溢出。放入冰箱冷藏 3 個小時至凝固。

TIP 棉花糖的厚度不同，凝固的時間也會有所改變。若使用容量較小的模具會比較快凝固，若用比較大的模具製作，則需要比較長的時間。

11 表層均勻撒上玉米粉。

12 用刷子刷除多餘的粉末。

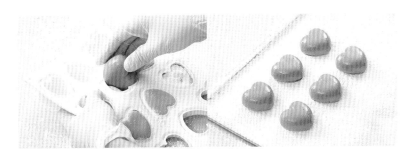

13 小心地將棉花糖脫膜。

TIP 建議帶著料理用手套後沾上玉米粉，避免拿取棉花糖時沾黏。

14 在托盤均勻撒上玉米粉後，才放上棉花糖。

TIP 若是習慣將所有棉花糖一起保存，最後就需要在外層均勻沾上玉米粉才不會沾黏。但如果可以分開保存，或打算用來裝飾其他糕點，就可以讓覆盆子莓心棉花糖維持獨特魅力的亮澤表面。

03
漂浮雛菊棉花糖

這是一款放入熱飲中，會隨著融化逐漸從花苞綻放的動態棉花糖。在巧克力杯中放入雛菊造型的棉花糖，再放入熱巧克力中使其漂浮其上，等熱度讓巧克力一點一滴融化，雛菊慢慢呈現出綻放的模樣，非常有趣！也可以靈活運用其他花朵或雪花形狀的模具做成各種不同的飄浮棉花糖。

 · Preparation ·

Q 彈感棉花糖糊 P30
吉利丁粉 6g、水 A 30g、砂糖 95g、水 B 60g、轉化糖漿 24g、香草精 2滴

其他食材
巧克力杯* 7個、玉米粉 適量、
白巧克力 適量、食用金箔 適量
巧克力杯*
調溫黑巧克力 300g、黑巧克力 300g

食用色素
黃色（脂溶性）

特殊用具
巧克力杯模具（捲邊杯）、花型模具

成品數量
7個

製作方法

製作巧克力杯

1 在乾淨的鍋中放入調溫黑巧克力與黑巧克力，用隔水加熱的方式融化後再降溫至32℃。

　　TIP 調溫巧克力要使用調溫法融化。先將巧克力升溫至 50℃ 融化後降溫至 27℃，並再次回溫至 31℃。

2 將融化的巧克力裝入擠花袋中備用。

3 將擠花袋底端剪掉 0.5 公分，並將巧克力醬擠入巧克力杯模具裡。

　　TIP 選擇自己喜歡的杯子形狀即可，沒有這種整排的模具，也可以使用單個的小紙杯模。

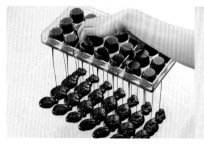

4 在鋪有透明 OPP 袋的平台將巧克力杯模具朝下，讓巧克力醬滴落。

5 利用刮刀清理沾黏在模具上多餘的巧克力後，將模具放入冰箱冷藏凝固。

6 巧克力凝固後可輕鬆脫膜，取出後即完成巧克力杯，再放入冰箱冷藏備用即可。

製作棉花糖

7 按照「Q 彈感棉花糖糊 P30」的步驟做出棉花糖糊。

8 在托盤上均勻撒上薄薄一層玉米粉。

9 將棉花糖糊倒入托盤，並用刮刀抹成薄薄的一層。

10 將烤盤抬高約 10 公分，往下敲 3 ～ 5 次，震出裡頭的氣泡，再放入冰箱中冷藏 1 個小時。

11 從冰箱取出托盤後，在棉花糖表層均勻地撒上玉米粉。

12 用花型模具直接在托盤上按壓，做出花型棉花糖。

13 用刷子刷除多餘的粉末。

14 將白巧克力融化後與食用黃色色素混合，並裝入擠花袋備用。

15 將擠花袋底端剪掉 0.2 公分，在花形棉花糖中間擠出圓形花蕊。

16 待巧克力凝固後小心地將花形棉花糖取出。

17 用刷子刷除多餘的玉米粉。

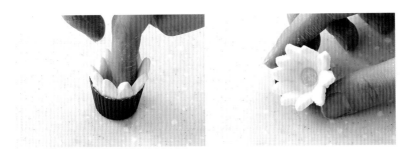

18 將花型棉花糖放入事先做好的巧克力杯中。

19 將步驟18做好的巧克力杯放入巧克力飲品（約80°C）中，飲料的溫度會使巧克力杯融化，讓花型棉花糖自然綻放，漂浮在表面，花蕊也可依喜好加上食用金箔點綴。

04

療癒貓掌棉花糖

這是一款造型不僅與貓咪腳掌相似，就連觸感也很逼真的療癒系棉花糖，同時也是第一次嘗試做棉花糖的人，都能輕鬆完成的造型。在製作前，請先熟悉基本的造型手法（P.36），只要掌握擠花的時間間隔，相信你一定能完成立體感十足的療癒貓掌棉花糖。

 • Preparation •

Q 彈感棉花糖糊 P30
吉利丁粉 6g、水A 30g、砂糖 95g、水B 60g、轉化糖漿 24g、香草精 2滴

其他食材
玉米粉 適量

食用色素
紫色、粉紅色

特殊用具
圓形擀麵棍、圓形平口花嘴7號、
深托盤（至少2cm高）

成品數量
16個

製作方法

1 在具有深度的托盤中,鋪一層 2 公分厚的玉米粉。

2 用圓形擀麵棍,壓出約 1 公分深的印痕。

3 按照「Q 彈感棉花糖糊 **P30**」的步驟做棉花糖糊。

4 將 1/3 的棉花糖糊加入粉色色素調和,放入擠花袋中備用。剩下的 2/3 棉花糖糊與紫色色素混合,放入裝有 7 號花嘴的擠花袋中。

5 將紫色棉花糖糊的擠花袋口剪開,在步驟 2 壓出的印痕中,擠入紫色棉花糖糊。

6 靜置一段時間,待棉花糖糊凝固。

TIP 接下來要畫出立體感的腳掌,所以務必在棉花糖凝固後才開始進行。若在未凝固的狀態下直接做造型,兩種棉花糖糊容易混合在一起,沒有立體感。

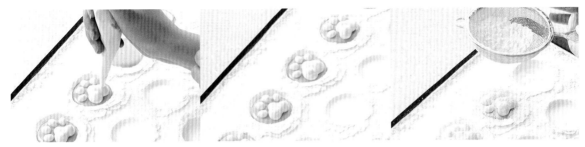

7 剪去粉紅色棉花糖糊的擠花袋袋口 0.2 公分，在紫色棉花糖糊上擠出三個圓形相連的貓掌與四個小小的圓型腳趾。

8 放入冰箱冷藏 1 個小時凝固。

9 均勻撒上玉米粉。

10 用刷子刷除多餘的玉米粉。

05
手作圍巾棉花糖

外型與編織圍巾十分相似的手作圍巾棉花糖。用棉花糖製成數條長條繩，
相互打結後即完成漂亮吸睛的圍巾。只要再挑選小禮盒細心包裝，就能當
作在特別日子送給朋友家人最別出心裁的禮物。

Preparation

Q 彈感棉花糖糊 P30
吉利丁粉 6g、水A 30g、砂糖 95g、水B 60g、轉化糖漿 24g、香草精 2滴

副食材
玉米粉 適量

食用色素
粉紅色

特殊用具
圓形平口花嘴7號

成品數量
2個

製作方法

1 在托盤上均勻撒上玉米粉。

2 按照「Q 彈感棉花糖糊 P30」的步驟做出棉花糖糊。

3 取一部分的棉花糖糊裝入擠花袋，底端剪掉約 0.2 公分的洞口；取另一個擠花袋剪出洞口，裝上 7 號花嘴，並將剩餘的棉花糖糊調和成粉紅色後裝入擠花袋備用。

4 取粉紅色棉花糖糊的擠花袋，將花嘴與托盤底部呈 15 度角，用穩定的力量由左到右擠出 14 條長形棉花糖。

TIP 為了防止互相沾黏，每段棉花糖間的間距至少要有 1 公分為佳。

5 在棉花糖兩端，用白色棉花糖糊點綴圓點。

6 放入冰箱冷藏 2 個小時至凝固。

how to **捲麻花**

7 均勻地在棉花糖表面撒玉米粉。

8 取 7 條棉花糖，旋轉捲成麻花狀。

9 捲完麻花狀後將兩端打結。

how to **編織**

10 用刷子刷除多餘粉末。

11 兩條棉花糖為一束，共組合成三束。用綁辮子的方法編織成三股辮。

12 抓起的兩端打結，再用刷子刷除多餘的玉米粉。

06
三色麻花棉花糖

三色麻花棉花糖可以説是僅次於圓柱棉花糖的另一個經典款。完成後為長繩狀的棉花糖，除了能切成適口大小直接食用外，捲成圓餅狀後可以做成棒棒糖，也可以用來裝飾甜點喔！

 Preparation

Q 彈感棉花糖糊 P30

吉利丁粉 6g、水A 30g、砂糖 95g、水B 60g、轉化糖漿 24g、香草精 2滴

其他食材

玉米粉 適量

食用色素

藍色、綠色、紫色

特殊用具

圓形平口花嘴10號 3個、牙籤

成品數量

21 個

製作方法

1 在托盤上均勻撒上玉米粉。

2 按照「Q 彈感棉花糖糊 P30」的步驟做出棉花糖糊。

3 將棉花糖糊分成三等份，並分別與藍色、綠色、紫色的食用色素調和。在三個擠花袋中裝上花嘴、剪去袋口，並將三色棉花糖糊各自倒入備用。

4 取一擠花袋，將花嘴與托盤底部呈 15 度角，用穩定的力量由左到右擠出長條狀。

> TIP 為了防止互相沾黏，每段棉花糖間至少要間隔 1 公分。

5 放入冰箱冷藏凝固 2 個小時至凝固。

6 在表面均勻撒上玉米粉。

7 以三條不同顏色的棉花糖為單位，兩端用牙籤固定。

8 刷落多餘的玉米粉。

9 將一端固定在托盤上，從另外一端扭轉成麻花狀。

10 再次刷落多餘的玉米粉。

11 放入冰箱冷藏 1 個小時，待棉花糖凝固。

12 切成適口大小後，橫切面也均勻沾上玉米粉即完成。

TIP 也可以依照喜好將捲成麻花狀的棉花糖繞成 P.90 的螺旋圓形，再插入竹棍，做成棒棒糖的造型。

07
迷你甜筒棉花糖

即便是模樣平凡的棉花糖，一旦擺在冰淇淋甜筒上，就能華麗變身成造型吸睛的可口甜點。完成後也可以按個人喜好，用巧克力豆、食用糖珠等來裝飾，讓整體造型更加分。要注意的是，當放置的時間久了，甜筒有可能會吸收到棉花糖中的水分而變軟，所以建議使用「紮實感棉花糖糊（P.34）」來製作，避免水分過多而受潮。若想要使用其他棉花糊的配方，也可以在甜筒內側裹上一層巧克力（詳見 P.120）後再使用。

• Preparation •

紮實感棉花糖糊 P34

吉利丁粉 10g、水A 50g、砂糖 85g、水B 30g、轉化糖漿 20g、蛋白 75g、檸檬汁 2g、砂糖 45g、香草精 2滴

其他食材

迷你冰淇淋甜筒 50個

食用色素

粉紅色、綠色

特殊用具

鋸齒花嘴22號、圓形平口花嘴804號

成品數量

50個

製作方法

1　按照「紮實感棉花糖糊 P34 」的步驟做出棉花糖糊。

2　將棉花糖糊分成兩等份。其中一份調成粉紅色，放入裝上 22 號花嘴的擠花袋中備用；另外一份棉花糖糊則調成綠色，放入裝上 804 號花嘴的擠花袋備用。

3　在冰淇淋甜筒裡，擠入綠色棉花糖糊。

4　在步驟 3 的甜筒上，以畫圓的方式擠上粉紅色棉花糖糊，完成冰淇淋形狀的棉花糖。依照個人喜好，用巧克力豆或食用糖珠裝飾即完成。

08
棉花棒棒糖

棉花棒棒糖是在棉花糖糊中插入棒棒糖棍,便於用手握住的甜點。須注意的是,棉花糖與一般糖果或蛋白糖不同,整體軟綿綿的,用手抬高時隨時有可能鬆垮或裂開,因此,棉花棒棒糖的直徑最好控制在 5 公分以下。可以個別包裝起來,再捆成花束般,作為禮物。

 *Preparation*

紮實感棉花糖糊 P34
吉利丁粉 10g、水A 50g、砂糖 85g、水B 30g、轉化糖漿 20g、蛋白 75g、檸檬汁 2g、砂糖 45g、香草精 2滴

其他食材
玉米粉 適量、食用糖珠

食用色素
黑色、紫色

特殊用具
鋸齒花嘴843號、棒棒糖棍

成品數量
30個

製作方法

1 在托盤上均勻撒上玉米粉。

2 按照「紮實感棉花糖糊 P34」的步驟做出棉花糖糊。

3 將棉花糖糊分成兩等份。各自和黑色、紫色色素調和，並分別放入兩個裝有 843 號花嘴的擠花袋中備用。

how to 螺旋造型

4 握住擠花袋，並讓花嘴與托盤底部呈 15 度角，用穩定的力道擠出棉花糖糊。

5 以逆時鐘方向（或順時鐘方向）畫出蝸牛殼般的螺旋形狀，拉線時務必保持一致的速度與力量。

6 慢慢地放鬆力量，減少擠出的棉花糖糊量，在尾端以尖銳狀收尾。

7 在棉花糖底端由下往上，慢慢插入棒棒糖棍。

8 撒上糖珠裝飾後，放入冰箱冷藏 1 個小時使其凝固。

9 均勻撒上玉米粉，並用毛刷輕輕刷落多餘的粉末。

直線造型

10 將步驟 3 調色好的棉花糖糊分別放入擠花袋中，剪掉擠花袋底端，再將兩袋棉花糖糊放入另一個裝好 843 號花嘴的擠花袋中。

11 拉好擠花袋，用刮刀將兩種顏色的棉花糖糊一起往前推。

12 將棒棒糖棍插入花嘴只留下 1/3 的長度在外面。

13 用穩定的力道邊擠出棉花糖糊，邊慢慢地旋轉棒棒糖棍。

14 撒上食用糖珠裝飾後，放入冰箱冷藏 1 個小時使其凝固。

15 均勻撒上玉米粉後，輕輕刷除多餘的玉米粉。

09
淘氣兔臀棉花糖

撲通一聲跌入抹茶池裡、只露出渾圓屁股的俏皮小兔子,看起來非常可愛!在棉花糖上撒椰子粉,不但能在視覺上表現出毛絨絨的真實感,還具有鬆軟的療癒氛圍,再以圓圓的尾巴和腳掌做亮點,打造出超萌的造型棉花糖。

· Preparation ·

紮實感棉花糖糊 P34

吉利丁粉 10g、水A 50g、砂糖 85g、水B 30g、轉化糖漿 20g、蛋白 75g、檸檬汁 2g、砂糖 45g、香草精 2滴

其他食材

玉米粉 適量、椰子粉 適量

食用色素

粉紅色、黑色

特殊用具

圓形平口花嘴804號

成品數量

12個

製作方法

1 在托盤上均勻撒上玉米粉。

2 按照「紮實感棉花糖糊 P34」的步驟做出棉花糖糊。

3 將少量的棉花糖糊分別調成粉紅色與灰色並放入擠花袋中，剩餘棉花糖糊則放入裝有 804 號花嘴的擠花袋。

4 先取白色棉花糖糊以適度的力道擠出，穩定地將擠花袋拉高。

5 維持擠壓與拉高的力量，擠出半圓的形狀。

6 用灰色棉花糖糊擠出圓形兔子尾巴。

　　TIP 因為兔子尾巴的尺寸偏小，所以灰色棉花糖糊的擠花袋開口不需要剪太大，大約 0.5 公分左右。

7 再用白色棉花糖糊由下而上擠出兔子的腳底。

8 將粉紅色棉花糖糊的擠花袋剪出 0.2 公分開口後，在腳底擠出幾個圓形的肉球。

9 待凝固後均勻撒上椰子粉，放入冰箱冷藏 2 個小時，即完成。

10
俏皮小豬棉花糖

可愛小豬的圓形臉部與臀部組合成特殊造型的棉花糖。小豬的臉部和臀部可以疊放在一起擺在熱騰騰的咖啡杯上方，也可以單獨包裝起來，做成可愛動物系列的棉花糖套組。

・ Preparation ・

Q 彈感棉花糖糊

吉利丁粉 6g、水A 30g、砂糖 95g、水B 60g、轉化糖漿 24g、香草精 2滴

其他食材

玉米粉 適量、黑巧克力 適量

食用色素

粉紅色

特殊用具

圓形擀麵棍、圓形平口花嘴7號、
深托盤（至少2cm高）

成品數量

16個

製作方法

1 在具有深度的托盤中,放入 2 公分厚的玉米粉。用圓形 擀麵棍,壓出約 1 公分深的 印痕。

2 按照「Q 彈感棉花糖糊 P30」 的步驟做出棉花糖糊。

3 將 1/3 的棉花糖糊加入粉色 色素調和成深粉色,放入擠 花袋中備用。剩下的 2/3 棉 花糖糊調成淡粉色,放入裝 有 7 號花嘴的擠花袋中。

4 剪去淡粉色擠花袋的袋口, 在步驟 2 壓出的印痕中,擠 入淡粉色棉花糖糊並等待凝 固。

TIP 接下來為了讓小豬臉部具 立體感,務必等棉花糖凝固後才 開始進行。若在未凝固的狀態 下直接做造型,兩種棉花糖糊 容易混合在一起,沒有立體感。

5 將深粉色棉花糖糊的擠花袋 袋口剪去 0.2 公分,在一半 的淡粉紅色棉花糖糊上擠出 小豬的三角形耳朵。

6 拉橫線畫出橢圓形的豬鼻 子。

7 在另一半的淡粉紅色棉花糖糊上,以繞圈的方式畫出小豬尾巴。

8 畫出小豬的腳後,放入冰箱冷藏 1 個小時。

9 凝固後,融化黑巧克力,並用描線筆畫出小豬的眼睛與鼻孔。

10 待巧克力凝固後,均勻撒上玉米粉。

11 用刷子刷除多餘的粉末。

11

萌萌柴犬棉花糖

說到造型棉花糖，怎麼能少了療癒滿點的可愛柴犬～利用自然的雙層擠花法，就能輕鬆做出唯妙唯肖的柴犬毛色。棉花糖軟 Q 的質地，加上圓滾滾的身形和無辜表情，在拿鐵奶泡上漂浮的可愛模樣，一秒開啟少女心，大人和小孩都難以招架。

 · Preparation ·

紮實感棉花糖糊 P34

吉利丁粉 10g、水A 50g、砂糖 85g、水B 30g、轉化糖漿 20g、蛋白 75g、
檸檬汁 2g、砂糖 45g、香草精 2滴

其他食材

玉米粉 適量、黑巧克力 適量

食用色素

褐色、粉紅色

特殊用具

圓形平口花嘴804號

成品數量

8個

製作方法

1 在托盤上均勻撒上玉米粉。

2 按照「紮實感棉花糖糊 P34」的步驟做出棉花糖糊。

3 將棉花糖糊分成兩等份，其中一份調成褐色。將棉花糖糊分別放入兩個擠花袋中並剪出開口，再將這兩個擠花袋一同放入另一個裝上804號花嘴的擠花袋裡備用。

TIP 兩色棉花糖糊各保留少量，並另外用兩個擠花袋盛裝。

4 拉住擠花袋，用刮刀將兩個顏色棉花糖糊一起往花嘴方向推。

5 握住擠花袋，將花嘴與托盤底部呈直角，用穩定的力道擠出雙色棉花糖糊。

6 將花嘴抬高到想要的棉花糖膨度位置，維持同樣的力道將棉花糖糊擠出圓弧形。

7 將步驟 3 中保留的褐色棉花糖糊擠花袋剪出 0.5 公分開口後，擠出柴犬的耳朵跟鼻子。

8 將預先保留的白色棉花糖糊擠花袋剪出 0.5 公分開口後，擠出柴犬的吻部和眉毛。

9 在另一個圓弧形棉花糖上，用褐色棉花糖糊擠出柴犬的尾巴。

10 以白色棉花糖糊由下而上擠出腳底。

11 放入冰箱冷藏 2 個小時，
使其凝固。

12 將剩下的白色棉花糖糊調
成粉紅色放入擠花袋，剪
開 0.2 公分的開口後，擠
出幾個圓形的腳掌。

13 融化黑巧克力後放入擠花
袋，開口剪掉 0.2 公分，
擠出柴犬的眼睛和鼻子。

14 用描線筆沾融化的巧克力，
畫出嘴巴。

15 等待巧克力凝固。

16 在表面均勻撒上玉米粉。

17 用毛刷刷落多餘的玉米粉即完成。

12

巧克力熊熊棉花糖

小巧可愛、猶如包裹著毛毯般的巧克力熊棉花糖,是繼迷你冰淇淋甜筒之後,以大冰淇淋甜筒製作出的夢幻甜點。在甜筒內側填入巧克力底座後,直接擠入棉花糖糊做造型,不僅可以支撐形狀,也能避免甜筒破裂,並隔絕棉花糖的水分,防止甜筒因受潮變軟。

Preparation

紮實感棉花糖糊 P34

吉利丁粉 10g、水A 50g、砂糖 85g、水B 30g、轉化糖漿 20g、蛋白 75g、檸檬汁 2g、砂糖 45g、香草精 2滴

其他食材

黑巧克力 300g、冰淇淋甜筒 12個、椰子粉 適量

食用色素

褐色、粉紅色

特殊用具

圓形平口花嘴804號

成品數量

12個

製作方法

1 將黑巧克力融化後放入擠花袋，剪掉 0.5 公分開口，將巧克力擠入甜筒至甜筒的一半。

2 輕輕轉動甜筒，讓內側均勻裹上一層薄薄的巧克力。

3 再擠入巧克力至甜筒中至八分滿，等待巧克力凝固。

TIP 需留下點綴眼睛與鼻子的巧克力量，並放入另一個擠花袋中備用。

4 按照「紮實感棉花糖糊 P34」的步驟做出棉花糖糊。

5 將棉花糖糊放入裝上 804 號花嘴的擠花袋中，並擠入甜筒內側。

TIP 需預留製作耳朵、嘴巴和手掌的用量，並放入另一個擠花袋中。

6　將棉花糖糊擠到膨出甜筒後，鬆開手的力道，花嘴在棉花糖糊表面輕輕畫圓再抽起，做出圓潤的熊臉。

7　將預留的白色棉花糖糊放入擠花袋，剪出 0.5 公分的開口後，擠出圓球狀的熊耳朵、嘴巴和手掌。

8　在表面均勻撒上椰子粉，做出毛絨感。

9　將步驟 3 備用的黑巧克力擠花袋剪出 0.2 公分的開口後，畫出眼睛和鼻子，即完成。

13
小雞家族棉花糖

為了製作出具有層次感的造型，最需要留意的重點就是避免讓棉花糖糊向外擴散成一攤，盡量維持立體的形狀。想要做出真實又療癒的小雞模樣，除了拿捏好身體尺寸，細膩描繪出小雞的特徵也是一個小祕訣，掌控好小雞眼睛和嘴巴之間的距離，就能大幅提高小雞的還原度！

· Preparation ·

紮實感棉花糖糊
吉利丁粉 10g、水A 50g、砂糖 85g、水B 30g、轉化糖漿 20g、蛋白 75g、檸檬汁 2g、砂糖 45g、香草精 2滴

其他食材
玉米粉 適量、黑巧克力 300g

食用色素
紅色、黃色、橘色

特殊用具
圓形平口花嘴7號2個

成品數量
30個

製作方法

觀看影片

1 在托盤上均勻撒上玉米粉。

2 按照「紮實感棉花糖糊 P34」的步驟做出棉花糖糊。

3 將棉花糖糊分三份，其中一份調成黃色，和另一份未調色的棉花糖糊，各自裝入套有 7 號花嘴的擠花袋中。第三份再均分 4 份，保留一份不調色外，其餘以色素分別調成紅、橘、黃，並各自裝入擠花袋中，開口約剪 0.2 公分。

how to 製作小雞

4 取裝好 7 號花嘴的黃色擠花袋，花嘴與托盤垂直，擠出棉花糖糊。

5 維持固定的力道擠壓並慢慢抬高花嘴，擠出小雞的身體。

6 取小袋的橘色棉花糖糊，擠出小雞的嘴和腳。

7　取小袋的黃色棉花糖糊，做出小雞的翅膀和頭上的羽毛。

8　用白色、黃色、橘色棉花糖糊，依照相同方式擠出公雞的身體、嘴、腳、翅膀。

9　以紅色棉花糖糊擠出雞冠。

10　放入冰箱冷藏 2 個小時等待凝固後，用圓點筆沾融化的巧克力畫出眼睛。

11　待巧克力凝固後均勻撒上玉米粉。

12　刷落多於的粉末即完成。

14
小恐龍棉花糖

超萌的小恐龍棉花糖，光看著就有治癒人心的效果。製作這款棉花糖時要
留意，一定要等身體凝固後才擠上頭部的棉花糖，避免出現棉花糖糊向外
擴散成一片，或身體無法承受重量而解體的現象。所以，請務必耐心等候，
等身體稍微凝固後，再用巧克力幫小恐龍創造出不同的表情吧！

· Preparation ·

紮實感棉花糖糊 P34
吉利丁粉 10g、水A 50g、砂糖 85g、水B 30g、轉化糖漿 20g、蛋白 75g、
檸檬汁 2g、砂糖 45g、香草精 2滴

其他食材
玉米粉 適量、黑巧克力 適量

食用色素
黃色、綠色

特殊用具
圓形平口花嘴7號

數量
15個

製作方法

觀看影片

1 在托盤上均勻撒上玉米粉。

2 按照「紮實感棉花糖糊 P34」的步驟做出棉花糖糊。

3 取出兩份少量的棉花糖糊，一份不調色，一份加色素調成黃色，各自裝入擠花袋，剪去袋口 0.2 公分。剩餘棉花糖糊調成綠色後，取少量裝入擠花袋，剪掉開口 0.2 公分，其餘裝入另一個裝有 7 號花嘴的擠花袋中。

4 取大份裝有 7 號花嘴的綠色棉花糖糊，花嘴垂直離托盤 1 公分，開始擠出棉花糖糊。

5 維持固定的力道，一邊抬高花嘴一邊擠出微扁球狀，作為小恐龍的身體。

6 在小恐龍的身體上，用白色棉花糖糊畫出肚子。

7 稍微凝固後，在小恐龍的身
體上再擠出一個微扁球狀。

8 用小份的綠色棉花糖糊畫出
恐龍四肢。

9 將托盤轉向，在小恐龍背面
畫出恐龍尾巴。

10 用黃色棉花糖糊擠出小恐
龍的背脊。

11 放入冰箱冷藏 2 個小時，
待其凝固後，用描線筆沾
融化的黑巧克力，畫出眼
睛和嘴巴。

12 待巧克力凝固後，均勻撒
上玉米粉，並刷落多餘的
玉米粉即完成。

15
懶洋洋貓咪棉花糖

接下來登場的是柔軟度極佳、總是愜意自在的慵懶貓咪。搭配餅乾棍表現出貓咪舒適躺在樹枝上的懶洋洋畫面，讓人一整天的心情跟著好起來。如果用巧克力包覆餅乾棍的話，還可以再延長這道作品的保存期限喔。

 Preparation

紮實感棉花糖糊 P34

吉利丁粉 10g、水A 50g、砂糖 85g、水B 30g、轉化糖漿 20g、蛋白 75g、檸檬汁 2g、砂糖 45g、香草精 2滴

其他食材

玉米粉 適量、餅乾棍 5根、黑巧克力 適量

食用色素

綠色、藍色

特殊用具

圓形平口花嘴804號、7號

成品數量

5個

製作方法

觀看影片

1 在托盤上均勻撒上玉米粉後，再放上餅乾棍。

2 按照「紮實感棉花糖糊 P34」的步驟做出棉花糖糊。

3 將綠色與藍色色素以1比1的比例調成薄荷色後與棉花糖糊調和。按上圖比例，大部分放入裝上804號花嘴的擠花袋，其他倒入裝上7號花嘴的擠花袋備用。

4 用804號花嘴的擠花袋擠出貓的身軀後，在左側擠上頭部。

TIP 這裡要讓貓咪的身體融合一起，擠完上半身後，不需要等棉花糖糊半凝固再擠下半身。

5 用7號花嘴的擠花袋擠出小小的三角形耳朵。

6 用 7 號花嘴擠出圓滾滾尾巴後，收回力道並輕輕往身體移動收尾，讓尾巴黏到貓咪身體上。

7 用 7 號花嘴畫出腳掌。

8 放入冰箱冷藏 3 個小時待其凝固，用描線筆沾黑巧克力畫出眼睛、鼻子和耳朵。

9 待巧克力凝固後，均勻撒上玉米粉。

10 用毛刷刷落多餘的玉米粉即完成。

16
棉花糖貓咪吐司

這是一款利用整個山形吐司製作的大型甜點，在剖開的吐司中間用棉花糖做出一隻窩在角落睡覺的大貓咪，可愛的模樣絕對吸引所有人的目光。除了吐司以外，也可以選擇拖鞋麵包、牛角麵包，稍微切開後夾入棉花糖，就可以自己做出各種不同的變化。

· Preparation ·

紮實感棉花糖糊 P34
吉利丁粉 10g、水A 50g、砂糖 85g、水B 30g、轉化糖漿 20g、蛋白 75g、檸檬汁 2g、砂糖 45g、香草精 2滴

其他食材
山型吐司 1個、黑巧克力 150g

食用色素
綠色、藍色

用具
圓形平口花嘴804號、809號

成品數量
1個

製作方法

1 將山型吐司切割至約 2/3 的深度。

2 將巧克力融化後放入擠花袋，底端剪出 1 公分的開口，在吐司的一邊擠出水波紋，表現出巧克力流動的感覺。

TIP 留下之後描繪眼睛和鼻子的用量，並放入另一個擠花袋備用。

3 按照「紮實感棉花糖糊 P34」的步驟做出棉花糖糊。

4 將綠色與藍色色素以 1 比 1 的比例調成薄荷色後，將 1/4 的棉花糖糊放入裝上 804 號花嘴的擠花袋，其餘的倒入裝上 809 號花嘴的擠花袋中。

5 在吐司中間用裝上 809 號花嘴的棉花糖糊擠出身體後，在左側再往上疊出頭部。

6 用 804 號花嘴的棉花糖糊擠出三角形耳朵。

7 用 809 號花嘴的棉花糖糊填滿身體。

8 用 809 號花嘴的棉花糖糊，由貓咪背上往下擠出胖胖的尾巴。

9 用 804 號花嘴的棉花糖糊擠出腳掌後，於常溫下放置 2 個小時冷卻。

10 將步驟 2 備用的巧克力擠花袋剪出 0.2 公分開口後，畫出貓咪的表情。

17

萬聖節小幽靈棉花糖

萬聖節來臨時，用節慶氣氛濃厚的的小幽靈、南瓜人、科學怪人來裝點餐桌吧！可以做出如左圖般的立體公仔造型，也可以畫成平面再插上棒棒糖棍製成棒棒糖。棉花糖充滿無限的可能性，很適合嘗試多種不同的變化。

 · Preparation ·

絮實感棉花糖糊 P34

吉利丁粉 10g、水A 50g、砂糖 85g、水B 30g、轉化糖漿 20g、蛋白 75g、檸檬汁 2g、砂糖 45g、香草精 2滴

其他食材

玉米粉 適量、黑巧克力 適量

食用色素

紫色、黑色、綠色、橙色

特殊用具

圓形平口花嘴7號2個、 鋸齒花嘴848號

成品數量

30個

製作方法

觀看影片

1 在托盤上均勻撒上玉米粉。

2 按照「紮實感棉花糖糊 P34」的步驟做出棉花糖糊。

3 先取 4 份少量的棉花糖糊，1 份不調色，剩下 3 份調成紫、黑、淡綠，各自裝入擠花袋後剪去袋口 0.2 公分。剩餘棉花糖糊分 3 份，保留 1 份不調色，另外 2 份調成深綠色和橘色。白色、深綠色裝入 7 號花嘴的擠花袋，橘色裝入 848 號花嘴的擠花袋。

製作小幽靈

4 取 7 號花嘴的白色棉花糖糊，花嘴垂直離托盤底部 1 公分，開始擠出棉花糖糊。

5 維持相同力道，抬高花嘴一邊擠出雞蛋般的小幽靈身體。

6 依照黑色 - 紫色 - 黑色的順序擠棉花糖糊，做出帽子。

7 用小袋的白色棉花糖糊做出幽靈手臂。

8 放入冰箱冷藏 2 個小時,待其凝固後,用描線筆沾融化的巧克力,畫出眼睛和嘴巴。

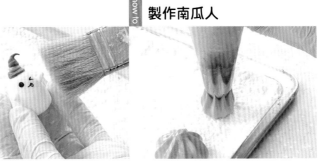

製作南瓜人

9 待巧克力凝固後,均勻撒上玉米粉。

10 用毛刷刷落多餘的玉米粉,即完成小幽靈。

11 取橘色棉花糖糊,將花嘴垂直離托盤底部 1 公分,開始擠出棉花糖糊。

12 擠出想要的大小後,放開手部力道,垂直抬高花嘴。

13 用淡綠色棉花糖糊擠出南瓜蒂。

14 用黑色棉花糖糊擠出小圓點當眼睛。

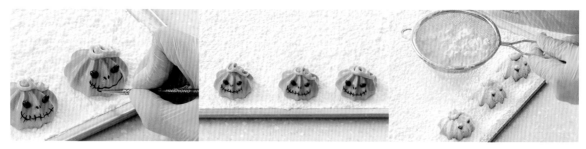

15 放入冰箱冷藏 2 個小時，待其凝固後，用描線筆沾融化的巧克力畫出鼻子和嘴巴。

16 待巧克力凝固時，均勻撒上玉米粉。

how to **製作科學怪人**

17 用毛刷刷落多餘的玉米粉，即完成南瓜人。

18 取深綠色棉花糖糊，將花嘴垂直離托盤底部 1 公分開始擠棉花糖糊。

19 擠的時候留意底層較寬，越往上拉越窄，做出科學怪人的頭型。

20 用黑色棉花糖糊做出頭髮。

21 用白色棉花糖糊做耳朵。

22 放入冰箱冷藏 2 個小時，待其凝固後，用描線筆沾融化的巧克力，描繪額頭疤痕、眼睛和嘴巴。

23 待巧克力凝固後，均勻撒上玉米粉。

24 刷落多餘的玉米粉，即完成作品科學怪人。

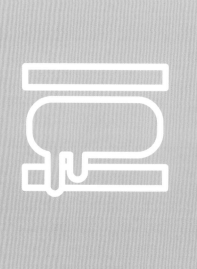

用棉花糖製作的
美味甜點

01
烤棉花糖冰淇淋

烤棉花糖冰淇淋是在韓國休息站或慶典上會出現的國民甜點。作法其實很簡單，自己在家裡也能輕鬆完成。口感柔軟滑順的冰淇淋比較容易在製作過程中融化，建議使用表面裹有巧克力或質地較紮實的冰淇淋。

Preparation

水潤感棉花糖糊 P32
吉利丁粉 8g、水A 40g、砂糖 120g、水B 50g、轉化糖漿 24g、蛋白 75g、香草精 2滴

其他食材
玉米粉 適量、冰棒 8支

特殊用具
噴槍

成品數量
8個

製作方法

1 在托盤上均勻撒上玉米粉。

2 按照「水潤感棉花軟糊 P32」的步驟做出棉花糖糊。

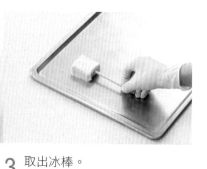

3 取出冰棒。

TIP 使用沒有冰棒棍的冰淇淋也沒問題，再另外插上棍子即可。

4 將棉花糖糊均勻包覆在冰淇淋外層。

TIP 由於棉花糖糊的溫度比較高，有可能在過程中讓冰淇淋融化，務必快速進行。

5 利用不鏽鋼盆壁，刮平表層。

6 放上托盤後放置冰箱冷凍 1 個小時使其凝固，取出後再用噴槍炙燒表面，即完成。

02
棉花糖迷你包

這個作品是以寒冬中我最喜歡的暖手點心——豆沙包為創作概念，我稱之為棉花糖迷你包。在內餡上我選用口感相近的甘納許代替紅豆，做出更適合棉花糖的口味。將棉花糖對半切，也能呈現出包有濃郁內餡的感覺。如果可以的話，在棉花糖底部貼上鋁箔紙，包裝起來就跟迷你包子一樣囉！

Preparation

Q 彈感棉花糖糊 `P30`

吉利丁粉 6g、水A 30g、砂糖 95g、水B 60g、轉化糖漿 24g、香草精 2滴

其他食材

甘納許* 24個、食用油 適量、玉米粉 適量

甘納許*
調溫黑巧克力 50g、調溫牛奶巧克力 10g、鮮奶油 25g

用具

半球形矽膠模具 2個

成品數量

24個

製作方法

製作甘納許

1 在乾淨的容器中放入調溫黑巧克力與調溫牛奶巧克力，隔水加熱融化。

2 在另外一個容器中放入鮮奶油，一樣用隔水加熱的方式加熱至 37°C。

3 在步驟 1 與 2 皆達到 37°C 後，用刮刀慢慢將步驟 2 倒入步驟 1，充分攪拌均勻成甘納許。

製作棉花糖

4 將製作好的甘納許放入擠花袋，底端剪出 0.5 公分開口後，擠入半球形模具至一半高，並放入冰箱冷藏 30 分鐘至凝固。

5 用毛刷在另一個模具上均勻塗抹薄薄一層食用油。

6 按照「Q 彈感棉花糖糊 P30」的步驟做出棉花糖糊。

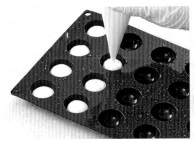  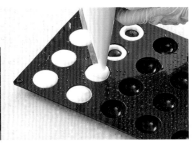

7 將棉花糖糊放入擠花袋，底端剪出 1 公分開口後，將棉花糖擠入模具到超過一半的高度。

8 取出已經凝固的甘納許，放入步驟 7 後稍微往下按壓。

9 接著再填滿棉花糖糊，放入冰箱冷藏 2 個小時至凝固。

TIP 棉花糖的厚度不同，所需的凝固時間也不同。若使用容量較小的模具，就會比較快凝固，若使用較大的模具，凝固需要的時間則會增加。

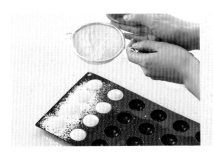  

10 均勻撒上玉米粉。

11 刷落多餘的玉米粉後，小心地將棉花糖脫模。

TIP 先在雙手沾上玉米粉，可防止沾黏。

12 最後再次均勻撒上玉米粉，並用毛刷刷除多餘的粉末，即完成。

03
水果棉花糖派對

發想靈感來自於巧克力火鍋、起司火鍋,呈現出不同魅力的水果棉花糖派對。可以將棉花糖糊放入可加熱的巧克力起司鍋中,再直接用水果串沾取,或者在水果串上擠上適量的棉花糖糊,直接吃也相當可口。我大力推薦用噴槍稍微炙燒表面的吃法,更能加深口感的層次。

· Preparation ·

Q 彈感棉花糖糊 P30

吉利丁粉 6g、水A 30g、砂糖 95g、水B 60g、轉化糖漿 24g、香草精 2滴

副食材

新鮮水果(櫻桃、柳橙、鳳梨等)適量

特殊用具

噴槍、竹籤

成品數量

20個

製作方法

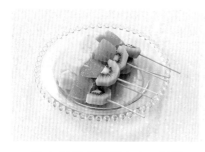

1 將水果切成適當大小,並用竹籤串起。

2 按照「Q 彈感棉花糖糊 P30」的步驟做出棉花糖糊。

3 將棉花糖糊放入擠花袋中備用。

4 將擠花袋口剪掉 0.5 公分,在水果串上擠滿至少一半以上的棉花糖糊。

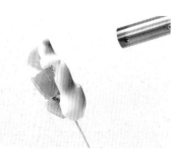

5 置於常溫待其凝固後,用噴槍稍微炙燒表面即完成。

04
巧克力脆皮棉花糖

這是一道相當簡易的甜點，只要在棉花糖外裹上薄薄一層巧克力，再用食用糖珠或食用金箔裝飾就完成囉！相較於其他款甜點，不需要任何調味，也不必撒上玉米粉，可以品嚐到爽口又甜蜜的棉花糖滋味。

Preparation

紮實感棉花糖糊 P34
吉利丁粉 10g、水A 50g、砂糖 85g、水B 30g、轉化糖漿 20g、蛋白 75g、檸檬汁 2g、砂糖 45g、香草精 2滴

其他食材
巧克力脆餅* 20個、黑巧克力 適量、食用金箔 適量、食用糖珠 適量
巧克力脆餅*
調溫巧克力 75g、黑巧克力 75g、法國可可巴芮小脆片 50g

特殊用具
烘焙紙、圓形平口花嘴804號、抹刀、
不鏽鋼圓形模具、巧克力起司鍋

成品數量
20個

製作方法

製作巧克力脆餅

1 在乾淨的容器中放入調溫黑巧克力與黑巧克力，用隔水加熱的方式融化。

TIP 使用調溫法融化。將巧克力升溫至 50°C 融化後，降溫至 27°C，再回溫至 31°C。

2 放入可可巴芮小脆片，用刮刀攪拌均勻。

3 在不沾黏的烘焙紙上倒上步驟 2，並用抹刀抹平。

4 置於常溫下 10 分鐘，待其凝固。

5 用圓形模具切割出圓形的巧克力脆餅。

TIP 可先將模具用熱水浸泡後再使用，切割時更俐落。

製作棉花糖

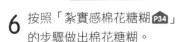

6 按照「紮實感棉花糖糊 P34」的步驟做出棉花糖糊。

7 將棉花糖糊放入裝有 804 號花嘴的擠花袋中。

8 拿好擠花袋,將花嘴垂直離巧克力脆餅 1 公分,開始擠出棉花糖糊。

9 擠出第一層後先停一下,將花嘴拉高一點後,再擠出第二層。

10 用相同的方法擠出第三層後,往上拉出尖角。

11 放入冰箱冷藏 2 個小時，待其凝固。

12 將黑巧克力放入巧克力起司鍋加熱融化。

TIP 可以直接隔水加熱融化，但溫度較容易降溫，需加快進行。

13 握住巧克力脆餅，將棉花糖朝下放入巧克力中。

14 均勻沾取巧克力醬。

15 適當調整沾取的巧克力量。

TIP 巧克力若裹太厚，棉花糖的形狀容易變形。

16 用食用金箔或食用糖珠裝飾，即完成。

05
棉花糖巧克力餅乾

棉花糖不僅可增添巧克力餅乾的水潤感，更具有裝飾的效果。手工棉花糖不像市售的棉花糖這麼硬，所以放在巧克力餅乾上用噴槍稍微烘烤，融化後便會稍微滲入餅乾中，吃起來一點也不乾硬，帶有幸福甜蜜的感覺。

 Preparation

Q 彈感棉花糖糊 P30
吉利丁粉 6g、水A 30g、砂糖 95g、水B 60g、轉化糖漿 24g、香草精 2滴

其他食材
巧克力餅乾* 6個

巧克力餅乾*
調溫黑巧克力 90g、無鹽奶油 26g、雞蛋 1個（48g）、黑糖 62g、中筋麵粉 48g、發粉 2g、鹽 1小撮

特殊用具
噴槍、烤箱（預熱至170℃）

成品數量
6個

製作方法

1 在乾淨的容器中放入調溫黑巧克力與無鹽奶油，用隔水加熱的方式融化，並用刮刀攪拌均勻。

2 在另一個不銹鋼盆中打入雞蛋輕輕攪拌，放入黑糖，攪拌至完全融化。

3 在步驟 3 中放入步驟 1 的巧克力奶油，攪拌均勻。

4 將中筋麵粉、發粉、鹽過篩後，放入步驟 4 中。

5 用刮刀攪拌均勻至完全沒有粉末感。

6 用保鮮膜將麵糊包起來隔絕空氣，放入冰箱冷藏 1 個小時，待其變凝固。

TIP 將麵團放入冰箱中靜置，可以做出鬆軟的餅乾，若靜置的時間過短，烤出來的餅乾會比較乾扁。可以依照個人的喜好，調整靜置時間。

7 將靜置後的麵糊分成 6 個大約 45g 的球狀。

8 用手將麵糊壓扁後,在中央按出一個凹槽。

9 將烤箱預熱至 170℃,放入餅乾後降溫至 160℃ 烤 10 分鐘。

10 按照「Q 彈感棉花糖糊 P30」,以及「圓柱形棉花糖 P68」的步驟做出棉花糖,再切成適當大小。

11 在烤好的餅乾上各自擺放 3 個棉花糖後,再用噴槍稍微炙燒棉花糖表層,即完成。

06
巧克力無比派

這是在兩塊巧克力餅乾之間夾棉花糖的美式甜點，口感與巧克力派差不多。最一開始我們有介紹三種棉花糖糊的配方，可以隨個人喜好挑選搭配，此處示範的是「Q 彈感棉花糖糊（P.30）」，吃起來比較有嚼勁。可以再沾取融化的黑巧克力，品嚐更甜蜜的滋味。

· Preparation ·

Q 彈感棉花糖糊 P30
吉利丁粉 6g、水A 30g、砂糖 95g、水B 60g、轉化糖漿 24g、香草精 2滴

其他食材
巧克力餅乾* 16個

巧克力餅乾*
調溫黑巧克力 100g、無鹽奶油 52g、雞蛋 2個、砂糖 58g、香草精 2g、中筋麵粉 96g、可可粉 10g、發粉 2g、鹽 1小撮

特殊用具
圓形平口花嘴804號、烤箱（預熱至170°C）

成品數量
8個

製作方法

1 在乾淨的容器中放入調溫黑巧克力與無鹽奶油，用隔水加熱的方式融化，一邊用刮刀攪拌均勻。

2 在另一個不鏽鋼盆中放入雞蛋輕輕攪拌。

3 在步驟 2 中放入砂糖與香草精，攪拌至完全溶解。

4 在步驟 3 中放入步驟 1 的巧克力奶油、可可粉後，攪拌均勻。

5 中筋麵粉、發粉、鹽過篩後，放入步驟 4。

6 用刮刀攪拌均勻至完全沒有粉末感。

7 接著裝入裝有 804 號花嘴的擠花袋中。

8 握好擠花袋,將花嘴垂直離托盤底部 1 公分,擠出直徑 5 公分的圓形餅乾,餅乾之間保留一定的距離。

9 用手稍微撫平餅乾表面。

10 烤箱預熱至 170°C,放入餅乾後降溫至 160°C 烤 10 分鐘。

11 按照「Q 彈 感 棉 花 糖 糊 P30」的步驟做棉花糖糊,放入裝有 804 號花嘴的擠花袋中,擠到巧克力餅乾上。

12 再取另一片巧克力餅乾蓋上,即完成。

最簡單，卻最難做得好！
從發酵、烘焙、口味到應用，
在家做出「比外面賣的還好吃！」
的理想吐司

從最經典的基礎白吐司，加入墨汁、乾酪、藍莓的各
種鹹甜口味，到法棍般的無糖法式吐司、鬆軟湯種吐司、
魯邦種吐司等不同做法與技巧。

作　者　李美榮
出版社　台灣廣廈
ISBN　9789861304953

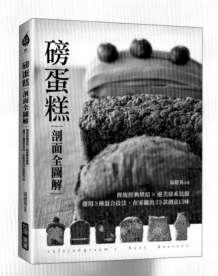

傳統經典烘焙 × 絕美韓系裝飾，
運用 3 種混合技法，
在家做出 23 款創意口味

當源於英國的樸實美味甜點，遇上突破自我不
設限的甜點師，激發出烘焙的無限可能，顛覆你
對磅蛋糕的想像！

從入門的不同口感蛋糕體，到進階的
豐富內餡和創意分層一次學會！

作　者　張恩英
出版社　台灣廣廈
ISBN　9789861304786

台灣廣廈 國際出版集團
Taiwan Mansion International Group

國家圖書館出版品預行編目（CIP）資料

我的第一本手作造型棉花糖【全圖解】：人氣烘焙師公開營業
配方，用三種基礎棉花糖糊，在家做出29款迷人風味×獨家造
型棉花糖司／金召祐著；譚妮如翻譯. -- 初版. -- 新北市：台灣
廣廈，2021.06
　　面；　　公分．
　ISBN 978-986-130-496-0
　1.點心食譜

427.16　　　　　　　　　　　　　　　　110005918

我的第一本手作造型棉花糖【全圖解】

人氣烘焙師公開營業配方，用三種基礎棉花糖糊，在家做出**29**款迷人風味 × 獨家造型棉花糖

作　　者／金召祐	編輯中心編輯長／張秀環・執行編輯／黃雅鈴
翻　　譯／譚妮如	封面設計／曾詩涵・內頁排版／菩薩蠻數位文化有限公司
	製版・印刷・裝訂／東豪・弼聖・秉成

行企研發中心總監／陳冠蒨　　媒體公關組／陳柔返
　　　　　　　　　　　　　　　綜合業務組／何欣穎

發　行　人／江媛珍
法 律 顧 問／第一國際法律事務所 余淑杏律師・北辰著作權事務所 蕭雄淋律師
出　　版／台灣廣廈
發　　行／台灣廣廈有聲圖書有限公司
　　　　　地址：新北市235中和區中山路二段359巷7號2樓
　　　　　電話：（886）2-2225-5777・傳真：（886）2-2225-8052

代理印務・全球總經銷／知遠文化事業有限公司
　　　　　地址：新北市222深坑區北深路三段155巷25號5樓
　　　　　電話：（886）2-2664-8800・傳真：（886）2-2664-8801
郵 政 劃 撥／劃撥帳號：18836722
　　　　　劃撥戶名：知遠文化事業有限公司（※單次購書金額未達1000元，請另付70元郵資。）

■出版日期：2021年06月　　　版權所有，未經同意不得重製、轉載、翻印。
ISBN：978-986-130-496-0